平和のためのハンドブック

軍事問題入門 Q&A 40

国防軍・集団的自衛権・特定秘密保護法

福好昌治［著］

梨の木舎

はじめに

安倍首相の暴走がとまらない。

第二次安倍政権は昨年12月、国家安全保障会議を創設し、初の国家安全保障戦略を定めた。同月、特定秘密保護法も成立させた。今年4月には、武器輸出三原則を廃止し、新たに防衛装備移転三原則を定めた。集団的自衛権の行使を合憲化する動きも活発化している。

このように安倍首相は戦後日本の安全保障政策を抜本的に改めようとしている。その最終目標は改憲によって自衛隊を国防軍にすることだ。

ところが、このような動きを推進している人もそれに反対する人も、ファクト（事実）にもとづいて論議しているようにはみえない。まず、事実を正確に把握することからはじめよう。そのような観点から本書を執筆した。

1章では、自民党の「日本国憲法改正草案」に記されている国防軍関連条項を検証した。国防軍と自衛隊はどのように違うのだろうか。

2章では、集団的自衛権に関連する問題を検証した。安倍首相は「公海上で米軍の艦船が攻撃されたときに、自衛隊の艦船が助けにいかなくてよいのか」という問題を提起している。集団的自衛権の行使を合憲化しなければ、このような行動ができないというわけだ。しかし、このような行動は集団的自衛権の行使にはあたらない。なぜ、そういえるのか、2章を読んでいただきたい。

3章では、秘密保護法を検証した。日本には、特定秘密保護法成立以前からさまざまな秘密保護に関する法律や協定がある。それらを知らなければ、特定秘密保護法の問題点を正確に把握できない。そのため日本の秘密保護法を網羅的に解説した。他の書籍には書かれていないファクトもたくさん盛り込んだ。

執筆にあたっては、初学者向けのテキストとして使えるように、できるだけわかりやすく書いたつもりだ。そのうえで、独自の視点も取り入れている。マスコミ関係者には〝アンチョコ〟としても活用できるだろう。

なお、本書に登場する人物の肩書はすべて当時のものである。

2014年4月

福好昌治

目次

1章　国防軍

２章　集団的自衛権

3章　特定秘密保護法

コラム

資料

1章　国防軍

なぜ、いま、国防軍（自民党改憲草案第9条）なのでしょう？

A **自民党によれば、自衛隊の違憲状態を解消し、国際情勢の変化に対応した任務を自衛隊に課すためだ。ただし、国内政治情勢の変化という要因も見逃せない。**ここではこの点について述べる。

まず、**日本国憲法第九条**を確認しておこう。

「第九条　日本国民は、正義と秩序を基調とする国際平和を誠実に希求し、国権の発動たる戦争と、武力による威嚇又は武力の行使は、国際紛争を解決する手段としては、永久にこれを放棄する。

②　前項の目的を達成するため、陸海空軍その他の戦力は、これを保持しない。国の交戦権は、これを認めない」

第一項に関しては、論者によって解釈が分かれるが、第二項で軍隊の保持を否定していることは明らかである。

憲法第九条と自衛隊の関係については、以下のような立場がある。

一　自衛隊は「軍隊」であり、その存在は違憲だから、憲法を改正して軍隊を保持すべきである（改憲論）。

二　自衛隊の存在は合憲である。

三　自衛隊の存在は違憲であり、自衛隊を廃止すべきである。

Q1

世論では、現状容認を意味する「二二」の立場が多数派である。安倍首相は「二」の立場であり、自衛隊を国防軍に換えて、違憲状態を解消しようとしている。憲法第九条下では、自衛隊の行動が制約されるので、国防軍に格上げすれば、その制約も解消されると考えているようだ。

「三」の立場を代表していた社民党（社会党）は衰退した。

もともと、自民党は改憲を党是とする政党である。2004年にも改憲草案を公表している。その点で、安倍首相は自民党の方針を踏襲しているだけともいえる。

しかし、これまで改憲が現実的な政治課題として浮上したことはなかった。いいかえれば、2012年の衆議院選挙、2013年の参議院選挙で自民党が大勝し、国会で改憲勢力が大幅に増えたから、改憲が現実的な政治課題として浮上したのだ。

自民党が改憲草案（巻末資料）を発表したのは、衆議院選挙の半年以上前だ。自民党が勝利すれば、改憲構想が前進するのはわかっていたはずだ。その意味で有権者が改憲構想を後押ししたといえなくもない。

自衛隊Self-Defense forcesと国防軍National defence forcesはどうちがうんですか？　国防軍の任務は何ですか？

A

国防軍の主な任務は「我が国の防衛」と「国際平和協力活動」である。この点では自衛隊の任務と同じだが、違う点もある。

自民党の「日本国憲法改正草案」（平成24年4月27日決定、以下「改憲草案」と略す）**第九条の二の第一項**は、「我が国の平和と独立並びに国及び国民の安全を確保するため、内閣総理大臣を最高指揮官とする国防軍を保持する」となっている。前半部分を一言でまとめれば「我が国の防衛」になり、それが国防軍の第一の任務ということになる。

第九条の二の第三項は、「法律の定めるところにより、国際社会の平和と安全を確保するために国際的に協調して行われる活動及び公の秩序を維持し、又は国民の生命若しくは自由を守るための活動を行うことができる」と規定している。この部分は「国際平和協力活動」（──→Q&A5）と国内の治安維持活動を意味する。

自衛隊法（自衛隊の任務・組織編成や自衛隊員の身分取扱・罰則などを定めた基本法）第三条でも、自衛隊の任務として、「我が国の防衛」、「治安維持活動」、「周辺事態対処」（──→Q&A6）、「国際平和協力活動」が挙げられている。「周辺事態対処」は記載されていないが、改憲

Q2

草案は自衛隊法の規定を憲法条項に格上げしただけともいえる。

ただし、国防軍の任務はそれだけにとどまらない。改憲草案第九条2には、「前項の規定は、自衛権の発動を妨げるものではない」という規定がある。自民党の「日本国憲法改正草案Q＆A増補版」（以下、「改憲草案Q＆A」と略す）のQ8によると、自衛権の中には個別的自衛権だけでなく、集団的自衛権も含まれる（集団的自衛権については2章参照）。集団的自衛権の行使として国防軍を派遣する場合、それは自衛隊法にも規定されていない新たな任務になる。「我が国の防衛」という枠には収まらない。

「国際平和協力活動」に関して、「改憲草案Q＆A」のQ11は、「国防軍は、軍隊である以上、法律の規定に基づいて、武力を行使することは可能であると考えています。また、集団安全保障における制裁行動についても、同様に可能であると考えています」と述べている。集団安全保障については、Q＆A18で解説するが、湾岸戦争（1991年）のような制裁戦争に国防軍も参加できることになる。

このように自衛隊を国防軍に変えるということは、名称の変更に留まらず、新たに危険な任務を課すことになる。

自衛隊は、旧日本軍や米軍等と同じ性格の「軍隊」ですか？

A

自衛隊は紛れもない「軍隊」である。ただし、旧日本軍や米軍などとは異なる性格を有するまれな「軍隊」だ。

自衛隊は**七四〇両の戦車**、**四八隻の護衛艦**、**三六五機の戦闘機**などを保有している。米軍には遠く及ばないにしても、アジアでは有数の戦力である。

しかし、自衛隊には他国の軍隊とは異なる点もある。よくいわれるのが、独特の名称を使用している点だ。たとえば、旧日本軍の大佐に相当する階級を一佐と呼ぶ。大将・中将・少将という階級はなく、将や将補と呼ばれる。駆逐艦などの大型水上戦闘艦は護衛艦と呼ばれている。軍刑法や軍法会議（→Q&A14）がないという点もよく指摘される。防衛大学校も他国の士官学校とは性格を異にする。幹部自衛官を養成するための学校という点では、防衛大学校も士官学校といえるが、他国の士官学校と異なり、防衛大学校を卒業後、さらに自衛隊の幹部候補生学校で1年間の教育を受けないと幹部自衛官に昇進できない。

自衛隊の特異性はこれだけではない。最大の特異性は世界で最も命を大事にする「軍隊」という点だ。どの国の軍隊でも、ある程度の犠牲は覚悟のうえで部隊を派遣する。実際に、米軍、イギリス軍、オーストラ

Q3

リア軍などは、アフガニスタンやイラクなどで多数の戦死者を出している。旧日本軍も兵士を消耗品のように扱っていた。

しかし、１９５４年の創設以来、自衛隊は１人の戦死者も出していない。日本が戦場にならなかったからだが、それだけが戦死者ゼロの要因ではない。ペルシャ湾への掃海艇派遣（１９９１年）以降、自衛隊はカンボジア、東ティモール、インド洋、イラクなどに派遣されている。こうした国際平和協力活動（→Ｑ＆Ａ５）における殉職者も皆無だ。国際平和協力活動においても、自衛隊はできるだけ安全な場所を選び、比較的危険度の低い任務に従事してきた。９・11テロ（２００１年）の後、米国から陸上自衛隊のアフガニスタン派遣を要請されたが、日本政府はそれを断り、代わりに海上自衛隊の補給艦などをインド洋に派遣した。これはきつい任務ではあるが、命を落とす危険性は低かった。イラクでも比較的治安のよい地域を選び、現地では米国とは無関係というそぶりをした。

海外派遣における武器使用基準（ＲＯＥ）も自己規制的で、「撃たない、撃たれない」を原則としている（→Ｑ＆Ａ20）。海外派遣において、自衛隊は全員生きて帰ることをなにより優先している。

コラム——1

日本の防衛費はいくらぐらいか

2014年度の政府予算（国債費を含む一般会計歳出）は、95兆8823億円である。そのうち防衛費は4兆8848億円で、全体の5.1%である。ちなみに、社会保障費は30兆5175億円（31.8%）、地方交付税交付金等は16兆1424億円（16.8%）、公共事業費は5兆9685億円（6.2%）、文教及び科学振興費は5兆4421億円（5.7%）だ。

日本の防衛費（予算額ではなく、歳出額）がもっとも多かったのは2002年度で、4兆9392億円だった。その後は、2003年度・4兆9262億円、2004年度・4兆8760億円、2005年度・4兆8297億円……2010年度・4兆6826億円、2011年度・4兆6625億円、2012年度4兆6453億円と年々減ってきた。

ところが、第二次安倍政権が成立すると、2013年度防衛費が4兆6804億円となり、11年ぶりに増加（0.8%増）に転じた。さらに、2014年度の防衛費は2.2%増になった。

では、日本の防衛費は諸外国と比べて多いのだろうか。ストックホルム国際平和研究所（SIPRI）の年鑑（2013年版）によると、軍事費の多い国のランキングは以下のようになっている（順に国名、2012年度の軍事費の額、2012年度のGDPに占める軍事費の割合）。

1位　米国、6850億ドル、4.4%
2位　中国、1660億ドル、2.0%
3位　ロシア、907億ドル、4.4%
4位　イギリス、608億ドル、2.5%
5位　日本、593億ドル、1.0%
6位　フランス、589億ドル、2.3%
7位　サウジアラビア、567億ドル、8.9%
8位　インド、461億ドル、2.5%
9位　ドイツ、458億ドル、1.4%。
10位　イタリア、340億ドル、1.7%

日本の防衛費の額は多いものの、GDP比はかなり低い。経済力のわりに防衛への支出は少ないといえる。

コラム——2

艦船、戦闘機、戦車などの値段はいくらか

兵器の値段を正確に表示するのは困難だ。同じ型の兵器であっても、発注年度によって単価は異なる。たとえば、戦闘機は同じ型のものを約20年間にわたり調達するが、調達の初期段階では生産数が少ないため単価は高くなる。だが、量産化が進むと単価は下がる。

国産兵器は海外に輸出できず、少量生産になるため割高になる。逆に輸入品は割安だが、内需に貢献しない。外国製の兵器を国内でライセンス生産（開発したメーカーにライセンス料＝特許料を払って日本の防衛企業が生産すること）する場合は、輸入よりも少し割高になる。

このような事情を考慮したうえで、代表的な兵器の値段をみていこう。一般的に艦船、戦闘機、戦車を比較すると、当然、図体の大きい艦船がもっとも高く、次いで戦闘機、戦車の順になる。それぞれ一つずつ桁が違う。

自衛隊の兵器の中で値段のもっとも高いのは、弾道ミサイル防衛などに使用されるイージス護衛艦だ。海上自衛隊はイージス護衛艦を6隻保有しているが、最新の「あしがら」の値段は1365億円（2003年度予算）だ。海上自衛隊最大の艦船であるヘリコプター護衛艦（実質的にはヘリ空母）「いずも」の値段は、1139億円（2012年度予算）だ。これに対し、図体が相対的に小さくなる潜水艦は護衛艦より安く建造できる。たとえば、最新の「そうりゅう」型潜水艦6番艦（艦名未定）の値段は528億円（2010年度予算）だ。

航空自衛隊が保有しているF-2戦闘機の値段は発注時期によって異なるが、2003年度予算で発注した6機の単価は119億円だった。F-35A戦闘機の値段は160億円（2014年度予算）だ。陸上自衛隊の最新式戦車である10式戦車の単価は10億円（2014年度予算）だ。

ところで、戦争にはいろいろな種類があるんですか？

A

ひとくちに戦争といっても、侵略戦争、自衛戦争、制裁戦争、対テロ戦争、内戦など、さまざまな戦争がある。

平和運動の中で「開戦前夜」や「戦争への道」といった表現がよく使われるが、どのような戦争なのか、なぜ戦争につながるのか、という説明がなければ、説得力を持たない。

第二次世界大戦までは、宣戦布告（攻撃する意図を事前に敵へ通告すること）をすれば、侵略戦争（先制攻撃）も合法だった。戦後は、国連憲章第二条第四項で侵略戦争は違法とされた。そのため、戦後の侵略戦争は宣戦布告なしに開始されている。**侵略戦争**の典型例としては、イラクのクウェート侵攻（1990年）やイラク戦争（2003年）がある。侵略された場合に軍事力で応戦する**自衛戦争**は、もちろん合法だ。ただし、自衛戦争といえども、武力の行使は無制限ではない（→Q&A9）。

国連加盟国が他の国連加盟国から侵略された場合、国連に支援を要請する。この要請を受けると、国連安全保障理事会（以下、国連安保理と略す）は侵略国に対する武力制裁を審議し、決議する。それにもとづいておこなわれる戦争は、**制裁戦争**である。このようなシステムを集団安全保障と呼ぶ（→本書のQ&A18）。

Q4

国連安保理における武力行使容認決議がないにもかかわらず、多国籍軍が武力を行使したケースもある。1990年代後半、セルビアはコソボ自治州の独立運動を武力で押さえつけていた。これに対し、米国や西欧諸国はセルビアに対する武力制裁を実施しようとした。ところが、ロシアの反対により、国連安保理決議が得られなかった。にもかかわらず、ドイツ等は「人道的介入」と称して、セルビアを空爆した。この戦争をどうみるかに関しては、論争の余地があるが、法的には違法な戦争（内戦＝国内問題への武力介入）になる。

対テロ戦争といういい方もある。9・11テロに対して、米国は自衛権を行使して、対テロ戦争を開始した。しかし、9・11テロはきわめて例外的な事態で、一般的にはテロは自衛権行使の対象にはならない。国際司法裁判所も2004年の「パレスチナ占領地における壁構築の法的効果」勧告意見書において、個別的自衛権は「一国による他国に対する武力攻撃の場合の権利」であると述べている（鈴木和之『実務者のための国際人道法ハンドブック』内外出版）。政府軍と反政府ゲリラの間で展開される**内戦**や、部族や宗派間の武力衝突という形の内戦もある。後者の典型例はソマリアである。

自衛隊による「国際平和協力活動」とはどのようなものですか？

A

自衛隊は、国連平和維持活動（ＰＫＯ、Peace Keeping Operations）、国際緊急援助活動、イラクでの人道復興支援活動、インド洋での海上自衛隊補給艦による洋上補給活動に参加している。ただし、国防軍になれば、この範囲にとどまらない。

防衛省は自衛隊による国際平和協力活動として、次の四つをあげている。

1　**国連平和維持活動（ＰＫＯ）**　紛争当事者間の停戦合意が成立した後、国連が平和維持軍などを編成して、紛争地に派遣する。ＰＫＯの任務は停戦監視、選挙の実施、元兵士の武装解除などである。ＰＫＯでは、武器の使用は自己防護などに限定されている（停戦監視要員は武器をもたない）。日本はこれまでに自衛隊をカンボジア、南スーダン等に派遣し、道路整備や停戦監視などを担当してきた。

2　**国際緊急援助活動**　海外で大規模な災害が発生した場合に、国際緊急援助隊の一員として自衛隊を派遣している。インドネシア・スマトラ島沖大地震（１９９４年）の際にも、自衛隊が派遣された。

3　**イラクでの人道復興支援活動**　日本は米国の要請により、イラク人道復興支援特別措置法を制定して、陸上自衛隊をイラクのサマーワに派遣した（２００４〜０９年）。具体的な活動は医療支援、建設、

Q5

給水などで、治安維持活動には参加しなかった。

4　**インド洋での海上自衛隊による洋上補給活動**　米軍などがアフガニスタンに侵攻し、タリバン政権を打倒した後、テロリストの逃亡を防ぐため、米軍やパキスタン軍などの多国籍軍がインド洋で監視活動を開始した。日本はテロ対策特別措置法を制定して、海上自衛隊の補給艦などをインド洋に派遣した。任務は多国籍軍の艦船に対する洋上補給（燃料や水の供給）だった（2001年12月～2010年1月）。

一般に、海外での軍事活動は、①戦争、②治安維持活動、③平和維持活動、人道援助・復興支援活動という三つのレベルに区分できる。③は比較的危険度の低い活動で、自衛隊は③のレベルにとどまっている（ソマリア沖での海賊対処活動は海上での治安維持活動に相当するが、陸上での治安維持活動に比べて危険度はかなり低い）。

しかし、国防軍になれば、③のレベルにとどまらない可能性がある。改憲草案Q＆A11は「集団安全保障における制裁行動についても、同様に可能である」と述べている。つまり、湾岸戦争のような制裁戦争にも国防軍を派遣できるということだ。

周辺事態が発生した時、自衛隊には何ができるんですか?

A

周辺事態とは、たとえば第二次朝鮮戦争をさす。自衛隊は日本の領域と公海上で米軍に対する後方支援を実施できるが、朝鮮半島に自衛隊を派遣することはできない。

周辺事態安全確保法（1999年）は、周辺事態を「そのまま放置すれば我が国に対する武力攻撃に至るおそれのある事態等我が国周辺の地域における我が国の平和及び安全に重要な影響を与える事態」と定義している。

では、日本政府が周辺事態と認定するのは、どのような情勢の時なのだろうか。政府は1999年4月26日、衆議院の日米防衛協力のための指針に関する特別委員会で、次のような**周辺事態の六類型**を示した。

①わが国周辺で武力紛争が発生している、②そのような武力紛争が差し迫っている、③ある国で政治体制の混乱で大量の避難民が発生し、わが国への流入の可能性が高まっている、④ある国の行動が国連安保理によって平和に対する脅威や破壊、侵略行為と認定され、その国が国連決議にもとづく経済制裁の対象となる、⑤わが国周辺地域で、武力紛争は停止したが、秩序の維持回復が達成されていない、⑥ある国で内乱や難民が発生し、それが純然たる国内問題にとどまらず、国際的に拡大した

Q6

ケースであって、わが国の平和と安全に重要な影響を与える場合。

日本周辺で武力紛争が発生する前の段階でも、著しく緊張が高まれば、周辺事態と認定される可能性がある。ただし、北朝鮮軍による**韓国・大延坪島への砲撃**（２０１０年11月）のような局地戦闘は周辺事態ではない。北朝鮮による核実験や宇宙ロケットの発射も、周辺事態には認定されなかった。周辺事態認定のハードルは意外と高いようだが、第二次朝鮮戦争が勃発すれば、周辺事態と認定されるだろう。

周辺事態と認定されれば、日本は米軍に対する後方支援（燃料や物資の補給・輸送、武器などの修理、負傷兵の治療、在日米軍基地の警備など）を実施する。しかし、米軍に対する後方支援は、基本的に日本の領域内でおこなうことになっている。公海上でも実施できるのは、輸送と行方不明者の捜索だけである。公海上での海上自衛隊補給艦による米軍艦船への洋上補給すら実施できない。もちろん、自衛隊の輸送機を使って、物資や燃料を韓国に輸送することもできない（韓国が拒否している）。これでは、米軍に対する効果的な支援は不可能だ。

武力攻撃予測事態って何ですか？　防衛出動待機命令が出るんですか？

A

日本周辺の緊張が高まり、日本に対する武力攻撃が予測される事態をさす。その場合、自衛隊に防衛出動待機命令が発令される。

周辺事態が発生すれば、日本も戦争に巻き込まれるおそれがある。なぜなら、在日米軍基地があるからだ。たとえば北朝鮮が韓国に侵攻し、米軍が韓国を支援するために朝鮮半島に出動したならば、在日米軍基地が米軍の後方支援拠点になる。北朝鮮が弾道ミサイルで在日米軍基地を攻撃する事態も考えられる。

周辺事態が日本有事に波及しそうになった時には、政府はどう対応するのだろうか。**武力攻撃事態対処法**（2003年）では、「武力攻撃予測事態」（武力攻撃事態には至っていないが、事態が緊迫し、武力攻撃が予測されるに至った事態）と「武力攻撃事態」（武力攻撃が発生した事態又は武力攻撃が発生する明白な危険が迫っていると認められるに至った事態）の二段階が設定されている。武力攻撃とは、外国軍の侵攻をさす。

では、どのような段階で武力攻撃予測事態と判断されるのだろうか。周辺事態の六類型（→Q&A6）は、武力攻撃予測事態に該当するの

Q7

だろうか。この点に関して、政府はその可能性を否定していない（2002年5月7日、衆議院武力攻撃事態への対処に関する特別委員会における中谷元・防衛庁長官の答弁）。

手続き的には、まず内閣総理大臣が国家安全保障会議（→Q&A12）に「武力攻撃事態等への対処方針」を諮問し、国家安全保障会議がこれを内閣総理大臣に答申する。対処方針を実際に立案するのは、事態対処専門委員会という組織だ。同委員会の長は内閣官房長官で、委員は各省庁の代表者（局長級）である。対処方針（案）は平時から立案しておかなければ間にあわないが、立案されているという発表はない。

対処方針を閣議決定したら、その国会承認を求め、内閣に武力攻撃事態対策本部を設置する。本部長は内閣総理大臣だ。武力攻撃予測事態の段階になると、防衛大臣が自衛隊に防衛出動待機命令を発令する。具体的な措置としては、即応予備自衛官および予備自衛官の招集と、防衛施設の構築ができる。即応予備自衛官・予備自衛官とは、元自衛官で普段は別の仕事をしている人のことだ。防衛施設とは、トーチカ（周囲をコンクリートで固め、内部に銃火器を装備した小型陣地）などを指す。防衛施設を構築するために、民間人の土地などを接収することも可能だ。

武力攻撃事態って何ですか？防衛出動命令が出るんですか？

A

①武力攻撃が発生した事態、②武力攻撃が発生する明白な危険が切迫していると認められるに至った事態の二つをさす。防衛出動命令が発令されたからといって、ただちに自衛隊による武力行使が可能になるわけではない。

日本に対する武力攻撃がまだ発生していなくとも、切迫していると認められる場合は、国会の承認を得たうえで、内閣総理大臣は自衛隊に防衛出動を命じる。「予測される」と「切迫している」の違いは明確ではないが、後者は事態がますます悪化している状態をさす。

自衛隊に防衛出動が下令された場合、自衛隊は最高度の即応態勢をとる。陸上自衛隊は敵の侵攻が予想される沿岸部に進出し、海上自衛隊の艦船・航空機も作戦海域に展開する。航空自衛隊の戦闘機は即座に発進できる態勢をとる。

防衛出動が発令されたならば、政府は**自衛隊法施行令第一〇七条**にもとづいて、「出動を命じた旨及び行動の地域」を告示しなければならない。「行動の地域」とは、自衛隊による作戦が実施される地域のことだ。「行動の地域」では、自衛隊法第八十八条に基づいて、「自衛隊は我が国を防衛するため、必要な武力を行使できる」。この武力行使に関しては、

Q8

「国際の法規及び慣例によるべき場合にあってはこれを遵守し、かつ、事態に応じて合理的に必要とされる限度を超えてはならない」という抽象的な制限があるだけだ。つまり、「行動の地域」では、ほぼ自由に武力行使が可能になるというわけだ。

　問題は「行動の地域」を告知しなければならないという点だ。日本の領域は「行動の地域」とそれ以外の地域に区分される。それ以外の地域では、**自衛隊法第八十八条**にもとづく武力行使はできない。旧ソ連軍のような大規模な地上戦力の侵攻を想定しているのなら、このような区分でも問題ないかもしれない。しかし、特殊部隊はどこから侵入、攻撃してくるかわからない。当然「行動の地域」以外を攻撃してくるだろう。攻撃された後に、あわててそこを「行動の地域」に指定しても遅い。

　最初から日本全土を「行動の地域」に指定しておけば、こうした問題は発生しないが、その場合、住民はどこに避難すればよいか、という別の問題が発生する。また、**自衛隊法第百三条**では、医療、土木建築、輸送業者による自衛隊に対する支援は、「行動の地域」以外でおこなうことになっている（→Q＆A13）。日本全土が「行動の地域」に指定されると、こうした支援ができないことになる。

こうなると自衛権の発動ということになるんですか？

A

武力攻撃事態と認定され、自衛隊に防衛出動命令が発令されただけでは、自衛隊による武力行使はできない。自衛権の行使を命じるのは内閣総理大臣であり、閣議決定を要する。

敵の攻撃が切迫しているからといって、先制攻撃を仕掛けると、日本が侵略国になってしまう。国際紛争において、第三国が紛争当事者のどちらに正当性があるかという点を判断する場合、どちらが先に武力を行使したか、という点が重要な判断基準になる。そのため、自衛権を発動（武力行使を開始）するタイミングは、重大な決断になる。

もちろん、実際に武力攻撃が発生した場合には、政府は自衛権を行使して反撃することになる。ただし、**自衛権の行使**には次のような三つの条件がある。

①急迫不正の侵害が発生した、②他に取るべき手段がない、③必要最小限の武力行使にとどめる。

急迫不正の侵害とは、敵の武力攻撃（侵攻）を意味する。ただし、組織的、計画的な武力攻撃でなければ、自衛権発動の要件を満たさない。たとえば、海上保安庁や海上自衛隊が逃走する不審船に対して威嚇射撃を実施し、不審船が機銃で応戦した場合は、組織的、計画的な武力攻撃

Q9

には該当しない。日本に対する攻撃の意志表明がないにもかかわらず、ミサイルが一発だけ日本の領域に落下したというケースも該当しない。要するに、だれがみても敵の武力攻撃（侵攻）だと判断できる段階にならないと、自衛権は発動できないというわけだ。

では、急迫不正の侵害が発生し、自衛隊による武力行使以外にとるべき手段がないとだれが判断するのであろうか。いいかえれば、敵の攻撃が始まったならば、自衛隊はただちに全力で応戦してもよいのだろうか。

もちろん、自衛権発動の判断を下すのは内閣総理大臣だ。これはシビリアン・コントロールの基本原則である。ただし、日本の場合、内閣総理大臣が単独で決定するのではなく、閣議決定を要する（２００３年６月４日、参議院武力攻撃事態への対処に関する特別委員会における石破茂・防衛庁長官の答弁）。

この点に関連して、**「改憲草案」**では、「内閣総理大臣は最高指揮官として、国防軍を統括する」（第七十二条３項）という規定が新設された。「改憲草案Ｑ＆Ａ28」によると、内閣総理大臣は閣議にかけないで国防軍を指揮できるとされている。

シビリアン・コントロールって、誰が誰をコントロールすることですか？

A

有権者（選挙権を有する者）によって選出された政治家が軍隊（自衛隊）を統制（コントロール）することだ。防衛官僚が自衛隊を統制することではない。この場合の統制とは、有権者・政治家の意図に反して、軍隊が勝手に行動しないように法律で縛ることだ。

通常、シビリアンは「文民」と訳される。現行の**日本国憲法第六十六条②**は「内閣総理大臣その他の国務大臣は、文民でなければならない」と規定している。文民とは何かについて、内閣法制局は「次に掲げる者以外の者をいう。ア、旧陸海軍の職業軍人の経歴を有する者であって、軍国主義思想に深く染まっていると考えられる者、イ、自衛官の職に在る者」（1973年12月7日、衆議院予算委員会理事会配布資料）と定義している。「ア」に該当する者が大臣になる可能性はもはやないので、文民に該当しないのは現役の自衛官だけといってよい。「改憲草案」第六十六条2も「内閣総理大臣及び全ての国務大臣は、現役の軍人であってはならない」と規定している。これは、議会制民主主義の国では当然のことで、第二次安倍政権よりもタカ派の政権が誕生しても、この原則だけはゆるがない。

Q10

　ここで、**自衛官と自衛隊員の違い**を確認しておこう。自衛官＝自衛隊員と誤解している人が少なくないが、防衛省の事務官、技官、教官も自衛隊員だ。すなわち事務次官をトップとする防衛官僚は自衛隊を統制する側ではなく、統制される側なのである。

　これに対し、防衛大臣、防衛副大臣、防衛政務官（森本敏・防衛大臣を除いてすべて政治家）は自衛隊員ではない。つまり、政治家である防衛大臣などが防衛官僚を含む自衛隊員を統制するわけだ。防衛大臣の上には内閣総理大臣が位置しており、「自衛隊の最高の指揮監督権」を有している（自衛隊法第七条）。国会は立法権と予算承認権を行使して、自衛隊を統制する。つまり、有権者が国会と内閣を通じて、自衛隊を統制するという仕組みなのである。

　もちろん、実態はこのような形にはなっていない。ほとんどの政治家は軍事の知識を有しておらず、依然として防衛官僚が自衛隊を統制しているという面も否定できない。自衛隊による「国際平和協力活動」の活発化に伴い、自衛官の影響力が増しているという面もある。いずれにしても、シビリアン・コントロールが確立されていれば大丈夫というわけではない。軍が慎重なのに対し、政治家が暴走することもしばしばある。

コラム――3

防衛産業はもうかっているのか

防衛省は毎年、「中央調達の契約相手方別契約高順位表」という統計を公表している。日本の防衛企業のランキングを示したものだ。これをもとに、日本の防衛産業の現状をみてみよう。

防衛省が2012年度に日本の防衛産業と契約した年間調達額（地方調達を除く）は、1兆5287億円である。2011年度の年間調達額は1兆4718億円だから、569億円増になった。

日本最大の防衛企業は三菱重工業で、2012年度の調達額は2403億円。前年度より485億円減少した。2位は日本電気（NEC）で、2012年度の調達額は1632億円。こちらは前年度より481億円増加した。

3位は川崎重工業で、2012年度の調達額は1480億円。前年度より619億円減少した。4位は三菱電機で、2012年度の調達額は1240億円。前年度より87億円減少した。

5位はディー・エス・エヌで、2012年度に初めてランキング入りした。同社は防衛省から通信衛星の整備・運用を委託されている。2012年度の調達額は1221億円。6位はジャパンマリンユナイテッドで、2012年度の調達額は740億円。同社はアイ・エイチ・アイマリンユナイテッドとユニバーサル造船の合併によって誕生した造船会社だ。7位は東芝で、2012年度の調達額は503億円。前年度より1億円減少した。8位は富士通で、2012年度の調達額は300億円。前年度より229億円減少した。9位はIHI（旧・石川島播磨重工業）で、2012年度の調達額は277億円。前年度より77億円減少した。10位は小松製作所で、2012年度の調達額は267億円。前年度より67億円減少した。

日本の防衛産業全体では、まだ調達額が増加しているが、上位10社では、調達額を減らしている会社が多い。

コラム——4

自衛隊員が殉職したら補償金はいくら支給されるのか

まず、他省庁の職員と同様に、国家公務員災害補償法にもとづく補償金が遺族に支給される。これ以外に、自衛隊員、警察官、消防士などには、賞じゆつ金、すなわち公務中の殉職者や負傷者に対する見舞金、功労金が支給される。防衛省の「賞じゆつ金に関する訓令」によると、賞じゆつ金は①海賊対処行動に従事する場合、②災害派遣により派遣される場合、③在外邦人等の輸送の業務に従事する場合、④部隊等により実施される国際平和協力業務又は国際平和協力本部長から委託を受けて実施される輸送の業務に従事する場合など、14種類の業務に従事しているときに死傷した者へ支給される。

14種類の業務の中には、防衛出動や治安出動は含まれていない。それゆえ、日本に侵攻してきた敵と戦って「戦死」した隊員に、賞じゆつ金が支給されるのかどうかははっきりしない（ただし、「賞じゆつ金に関する訓令」には「（14種類の業務以外に）特に防衛大臣が定める場合において賞じゆつ金を授与することができる」という規定はあるが）。

ペルシャ湾への海上自衛隊掃海艇派遣（1991年）まで、賞じゆつ金の最高額はわずか1700万円だった。これは警察官に支給される賞じゆつ金の半分以下だった。そのため、掃海艇派遣の際には、賞じゆつ金の他に、防衛庁長官から特別賞じゆつ金1000万円、内閣総理大臣から特別ほう賞金1000万円も支給されることになった。その後、賞じゆつ金の最高額は3000万円、6000万円と上がり、イラク派遣と海賊対処では9000万円になった。特別ほう賞金1000万円と合わせれば、最高額は1億円になる（特別賞じゆつ金は廃止）。これだけの厚遇は自衛隊だけだろう。幸いなことに、自衛隊の海外派遣で賞じゆつ金を支給された者はいない。

旧日本軍で使われた統帥権《とうすい》って何のことですか？

A

天皇による陸海軍への作戦統制権を指す。軍令ともいう。

旧日本軍はもともと国軍だったが、いつのまにか皇軍（天皇の軍隊）を自称するようになった。その過程で天皇による統帥権という言葉が金科玉条となり、拡大解釈されるようになった。大日本帝国憲法には「天皇ハ陸海軍ヲ統帥ス」（第十一条）という条項があった。

１９３０年のロンドン軍縮会議で、日本、米国、イギリスなどの軍艦の保有量が決まった。日本政府はこの決定を受け入れたものの、海軍軍令部（軍令を担当する部門）はこの決定に強く反発した。海軍軍令部の承認なしに、政府が軍艦保有量で妥協したのは、**統帥権干犯**（越権行為）だと主張したのである。軍艦の保有量決定は、統帥権に属する事項なのだろうか。一般に、軍事には、軍事力をつくるという機能と、軍事力を使うという機能の二つがある。

前者は、兵員の募集・教育訓練、人事、部隊の編成（平時における指揮系統の確立）、兵器の開発や調達などをさし、**軍政**と呼ばれる。現代風にいえば、防衛力整備という（兵器の開発・調達だけをさして、防衛力整備と呼ぶ場合もあるが、それは軍政の一部にすぎない）。したがっ

Q11

て、軍艦の保有量決定は軍政事項であり、統帥権干犯にはあたらない。

後者は、戦時や国際平和協力活動などの際に、育成された軍隊を動かすという機能をさし、**軍令**と呼ばれる。現代風にいえば作戦用兵だ（自衛隊では運用と呼んでいる）。

軍政を担当している部隊の指揮官は、育成した部隊を軍令担当の指揮官に提供する。その意味で、軍政系統の指揮官はフォース・プロバイダー、軍令系統の指揮官はフォース・ユーザーと呼ばれる。正確ではないが、主として平時に必要な機能が軍政で、主として戦時に必要な機能が軍令と理解しても大きな間違いにはならないだろう。もちろん、軍政と軍令は明確に区分できるものではない。たとえば、ロジスティクス（兵站）は軍政と軍令の両方に必要とされる機能である。

旧日本軍の軍政系統は、天皇→内閣総理大臣→陸軍大臣（陸軍省）・海軍大臣（海軍省）→陸海軍となっていた。軍令系統は、天皇→陸軍参謀総長（陸軍参謀本部）・海軍軍令部総長（海軍軍令部）→陸海軍となっており、作戦に関する天皇の命令は内閣や陸軍省・海軍省を通さず、直接、軍令担当部門に伝達されるという形をとっていた。なお、指揮（コマンド）とは、軍政と軍令の両方を合わせた権限をさす。

いま官邸の司令塔といわれる国家安全保障会議は何をするところですか？

A

国家安全保障政策に関する官邸の司令塔といわれているが、そのように機能するのか疑わしい。

１９８６年に国防会議が廃止され、安全保障会議が誕生した。そのさい、安全保障会議は国防事項に加えて、重大緊急事態にも対処することになった。ところが、東日本大震災・福島原発事故（２０１１年）という重大緊急事態に直面したとき、安全保障会議は一度も開かれなかった。安全保障会議はまったく機能しなかったのである。

２０１３年11月に国家安全保障会議設置法案が可決され、国家安全保障会議が誕生した（安全保障会議は廃止）。その事務局である**国家安全保障局**も始動している。国家安全保障会議の設置目的は「国家安全保障に関する重要事項を審議する機関」とされており、その所掌事務は、武力攻撃事態等への対処、周辺事態への対処、国防に関する重要事項、国家安全保障に関する外交政策および防衛政策の基本方針、重大緊急事態への対処などとなっている。実際に、２０１３年12月に改定された「防衛計画の大綱」（防衛政策の基本方針を定めた閣議決定文書）は、国家安全保障会議で決定された。ただし、国家安全保障会議はあくまでも審議機関であって、最終決定機関は従来通り閣議である。

Q12

国家安全保障会議で新たに設置されたのは、内閣総理大臣、内閣官房長官、外務大臣、防衛大臣による4閣僚会議である。2週間に1回程度開催されているが、担当分野は「国家安全保障に関する外交政策及び防衛政策の基本方針並びにこれらの政策に関する重要事項」だけだ。武力攻撃事態等への対処や重大緊急事態への対処は、従来通り9大臣会議（前出の4人に加えて、総務大臣、財務大臣、経済産業大臣、国土交通大臣、国家公安委員会委員長）で審議される。

国家安全保障担当首相補佐官には磯崎陽輔・参議院議員が就任し、国家安全保障局長には谷内《やち》正太郎・元外務次官が就任したが、両者の役割分担は不明瞭だ。国家安全保障局の局次長（2名）には、外務官僚と防衛官僚が就任した。審議官・参事官（9名）のほとんどは外務省と防衛省からの派遣だ。これで役所の権限争いを排除できるのだろうか。

国家安全保障局は内閣官房の一部門と位置づけられているが、国家安全保障局の外に、内閣危機管理監という役職（つねに警察官僚が就任）がある。なぜ、国家安全保障局の中に含まれなかったのか不思議だ。重大緊急事態への対処と危機管理は別物なのだろうか。

日本有事になると、私たち民間人も自衛隊に協力させられるのですか？

A

食糧や燃料などを取り扱う民間業者に対して、食糧や燃料などの保管や収用を命ずることができる。医療、土木建築、輸送業者に対して、自衛隊への支援を命じることができる。

自衛隊に防衛出動命令（→Q&A8）が発令された場合、自衛隊は、**自衛隊法第百三条**にもとづいて、「物資の生産、集積、販売、配給、保管若しくは輸送を業とする者に対してその取り扱う物資の保管を命じ、又はこれらの物資を収容することができる」。防衛出動時には、自衛隊が燃料や食糧などを優先的に使用できるということだ。保管を命じるとは、自衛隊以外の者に販売してはならないという意味だ。この命令に違反した者には、6カ月以下の懲役または30万円以下の罰金が科せられる。

自衛隊が行動する際には、民間業者を動員することもできる。自衛隊法第百三条は、医療関係者（医師、歯科医師、薬剤師、看護師、準看護師、臨床検査技師、診療放射線技師。病院の事務職は含まれない）、土木建築業者、輸送業者（鉄道、自動車、船舶、港湾運送、航空）を動員して、自衛隊を支援させることができると規定している。

近年、自衛隊は島嶼（沖縄などにある離島）防衛を任務の一つに掲げるようになった。島嶼には、尖閣諸島だけでなく、先島諸島（石垣島、与那国島など）も含まれているようだ。本土に駐屯している陸上自衛隊が先島諸島に展開するには、海上輸送が必要になる。

しかし、海上自衛隊の輸送艦はわずか3隻しかない。そこであてにされているのが、民間会社のフェリーだ。実際に、自衛隊の演習では、民間会社のフェリーが自衛隊の人員や装備を運んでいる。

「防衛計画の大綱」（2013年12月改定）には、輸送能力に関して、「平素から民間輸送力との連携を図りつつ」という文言があるが、有事（戦時）にも民間輸送力を活用できるのだろうか。

防衛出動命令時における民間業者の動員は、自衛隊の「行動の地域」以外（→Q&A8）でおこなうことになっている。民間フェリーを自衛隊の作戦地域まで進出させることはできない。動員命令を拒んだ者に対する罰則もない。

たとえば、先島諸島は「行動の地域」に指定されているが、沖縄本島は「行動の地域」に指定されていない場合には、沖縄本島までは民間のフェリーで自衛隊の人員・装備を運び、そこで自衛隊の輸送艦に移すことになる。二度手間になるわけだ。

軍刑法、軍法会議とはどのようなものですか？

A 軍刑法とは、一般の刑法では対象にされていないが、軍隊では犯罪とされる行為を定めた法律をさす。軍刑法にもとづいて軍人などの犯罪を裁く場所が軍法会議だ。いずれも日本には存在しない。

改憲草案第九条の二4は「国防軍に属する軍人その他の公務員がその職務の実施に伴う罪又は国防軍の機密に関する罪を犯した場合の裁判を行うため、法律の定めるところにより、国防軍の審判所を置く」と規定している。「軍法会議」ではなく、「国防軍の審判所」と書かれているから、海難審判所（海難事故の原因を究明する機関で、罰則は下さない。その判断は裁判所での審議において参考意見とされる）のようなものを想定しているのかと思われたが、「改憲草案Q＆A12」には、「軍事審判所とは、いわゆる軍法会議のことです」と記載されている。

軍法会議では、軍刑法に基づいて、判決が下される。日本には軍刑法はないが、自衛隊法の中に、自衛隊特有の犯罪が規定されている。たとえば、不当武器使用（上官の命令がないのに、自衛隊員が勝手に武器を使用すること）、防衛出動命令や治安出動命令の拒否、上官の命令に対する反抗や不服従、部隊不法指揮（正当な権限がないにもかかわらず、

Q14

部隊を動かそうとした者）などを行った者は罰せられる。ただし、最も重い罪である防衛出動命令拒否でも、7年以下の懲役である（刑法では、窃盗罪でも10年以下の懲役になる）。自衛隊法にもとづく罰則は軽い。

軍法会議は、①軍刑法にもとづいて、②軍内に設置され、③主に軍人によって、④主に軍人の犯罪を裁く裁判所である。軍属（軍隊に勤務している文民。自衛隊では事務官、技官、教官などが該当する）、民間人、捕虜も軍法会議の対象になる。

軍法会議の設置に関しては、次のような問題点が指摘されている。

一、身内による裁判になるので、「組織防衛」に走りやすい。下級兵士にはきびしく、上級将校には甘くなりやすい。作戦中、訓練中の行為はほとんど無罪になる。

二、軍事に関する裁判では、高度な軍事知識が必要という意見があるが、どんな裁判でも、裁判官は専門家ではない。それでも裁判は成り立っている。

三、軍隊は海外に駐留することがあるため、現地での裁判が必要になるという意見があるが、交通機関が発達した現代では、現地での裁判を実施する必然性はない。

自民党が出した「国家安全保障基本法案（概要）」（2012年7月）はどのようなものですか？

A

国家安全保障政策の基本法となるもので、憲法の下位、自衛隊法、防衛省設置法（防衛省の所掌事務等を定めた法律）、武力攻撃事態対処法などの上位に位置する。

「国家安全保障基本法案（概要）」（以下、法案と略す。巻末資料）は2012年7月4日に公表された。法案ではなく、概要という形になっている。もちろん、政府案ではなく、自民党の私案にすぎないが、自民党の改憲草案のうち安全保障に関する部分をより具体化した内容である。

法案は、第一条（本法の目的）、第二条（安全保障の目的、基本方針）、第三条（国及び地方公共団体の責務）、第四条（国民の責務）、第五条（法制上の措置等）、第六条（安全保障基本計画）、第七条（国会に対する報告）、第八条（自衛隊）、第九条（国際の平和と安定の確保）、第一〇条（国際連合憲章に定められた自衛権の行使）、第一一条（国際連合憲章上定められた安全保障措置等への参加）、第一二条（武器の輸出入等）から構成されている。

国家安全保障とは、国防よりも広い概念で、軍事的手段（自衛隊）と非軍事的手段（外交や経済援助など）の両方によって、国の安全と独立を保つことを意味する。また、国家安全保障は政府の専管事項ではなく、

Q15

地方自治体や民間団体の協力も必要とされる。そのため、第三条には、「地方公共団体は、国及び他の地方公共団体その他の機関と相互に協力し、安全保障に関する施策に関し、必要な措置を実施する責務を負う」と規定されている。武力攻撃事態（→Q&A8）における住民の避難や自治体が管理している港湾の使用許可などが、自治体の任務になる。

第四条は「国民は、国の安全保障施策に協力し、我が国の安全保障の確保に寄与し、もって平和で安定した国際社会の実現に努めるものとする」となっており、国家安全保障に対する国民の責務を規定している。これに関連して、改憲草案前文には、「日本国民は、国と郷土を誇りと気概をもって自ら守り」という文言がある。いずれも抽象的な規定であり、国民になにを求めているのか定かではないが、国民の協力なくして戦争は遂行できない。

第一〇条は重要な内容なので、Q&A17で詳述する。第一一条は集団安全保障への参加を明記している。第一二条には「防衛に資する産業基盤の保持及び育成につき配慮する」という文言があり、防衛産業の保護がうたわれている。条文には明記されていないが、武器輸出三原則の改定とつながっているようだ。

2章　集団的自衛権

●●●●●● 集団的自衛権ってどのようなものですか？

A

自国が攻撃されていないにもかかわらず、軍隊を派遣して、攻撃された他国を支援する権利をさす。わかりやすくいえば、仲間の国が侵略された場合、助っ人として軍隊を派遣し、仲間の国の軍隊と共同で侵略国を撃退することだ。

集団的自衛権について、政府は次のように説明している。

「国際法上、国家は、集団的自衛権、すなわち自国と密接な関係にある外国に対する武力攻撃を、自国が直接攻撃されていないにもかかわらず、実力をもって阻止する権利を有しているものとされている。我が国が、国際法上、このような集団的自衛権を有していることは、主権国家である以上、当然であるが、憲法第九条の下において許容されている自衛権の行使は、我が国を防衛するため必要最小限度の範囲にとどまるべきものであると解しており、集団的自衛権を行使することは、その範囲を超えるものであって、憲法上許されないと考えている（以下略）」（衆議院議員稲葉誠一君提出「憲法、国際法と集団的自衛権」に関する質問に対する答弁書、一九八一年五月二九日）。

集団的自衛権を行使する相手は「自国と密接な関係にある外国」に限られない、すなわち特定の国に限定されない、という論者もいるが、現

Q16

実には、**「自国と密接な関係にある外国」**すなわち同盟国（通常、相互防衛条約を締結している国をさす）に対して集団的自衛権は行使されてきた。

武力攻撃を受けた国が自ら武力を行使して反撃することは、個別的自衛権の行使になる。単に「自衛権」という場合は、個別的自衛権をさす。個別的自衛権を行使している国が自力では敵を撃退できない場合、同盟国に対して集団的自衛権の行使を要請する。

9・11テロに対して、米国は個別的自衛権を行使して、対テロ戦争を開始した。米国の同盟国であるNATO（北大西洋条約機構）諸国（もともとは米国と西欧諸国などによって締結された対ソ同盟だが、現在は東欧諸国なども加盟している）も、集団的自衛権を名目にして米国を支援した。米国のベトナム参戦も、南ベトナムに対する集団的自衛権の行使を名目にしていた（ただし、ベトナム参戦が集団的自衛権の行使に該当するのかという点については疑問がある）。もし、朝鮮半島有事が勃発したならば、米韓相互防衛条約（1954年）にもとづいて、米国は米軍を投入して韓国を支援する。これは米国による韓国に対する集団的自衛権の行使になる。

●●●●●● 自民党は集団的自衛権について、どう説明していますか？

A 改憲草案第九条2は、「前項の規定（引用者注：現行憲法第九条第一項とほぼ同じ条項）は、自衛権の発動を妨げるものではない」（巻末資料）と規定している。この自衛権には集団的自衛権も含まれる（改憲草案Q＆A9）。

「国家安全保障基本法案（概要）」第10条（国際連合憲章に定められた自衛権の行使）は、個別的自衛権と集団的自衛権を発動する際の要件を次のように定めている。

「（国家安全保障基本法案（概要））第2条第2項第四号の基本方針（引用者注：国際連合憲章に定められた自衛権の行使については、必要最小限度とすること）に基づき、我が国が自衛権を行使する場合には、以下の事項を遵守しなければならない。

一　我が国、あるいは我が国と密接な関係にある他国に対する、外部からの武力攻撃が発生した事態であること。

二　自衛権行使に当たって採った措置を、直ちに国際連合安全保障理事会に報告すること。

三　この措置は、国際連合安全保障理事会が国際の平和及び安全の維持に必要な措置が講じられたときに終了すること。

Q17

四　一号に定める『我が国と密接な関係にある他国』に対する武力攻撃については、その国に対する攻撃が我が国に対する攻撃とみなしうるに足る関係性があること。

五　一号に定める『我が国と密接な関係にある他国』に対する武力攻撃については、当該被害国から我が国の支援についての要請があること。

六　自衛権の行使は、我が国の安全を守るため必要やむを得ない限度とし、かつ当該武力攻撃との均衡を失しないこと」

国家安全保障基本法案（概要）も集団的自衛権行使の相手は、**「我が国と密接な関係にある他国」**と定義している。ただし、「四」の条文は意味不明だ。周辺事態（→Q&A6）をさしているのかもしれないが、「我が国と密接な関係にある他国」に対する武力攻撃であっても、それだけではわが国に対する攻撃とみなすことはできない。国家安全保障基本法案（概要）でもっとも重要なのは「五」だ。すなわち**「当該被害国から我が国の支援についての要請」**がなければ、日本も被害国に対する集団的自衛権を行使できないのである。では、被害国とはなにをさすのであろうか。Q&A24で具体例を検証する。

集団的自衛権と集団安全保障はどう違うんですか？

A

集団的自衛権は、被害国が特定の国（同盟国）に支援を求め、特定の国が被害国を支援することだ。これに対し、集団安全保障は、被害国が不特定多数の国（国連）に支援を求め、多数の国が被害国を支援することだ。両者は似て非なる概念だ。

集団的自衛権は通常、次のような手順で行使される。①外国から武力攻撃を受けた国が個別的自衛権を発動する。②被害国が同盟国に支援を要請する。③その要請にもとづいて、同盟国が軍隊を派遣して被害国を支援する。④同盟国は集団的自衛権の行使にあたって採った措置を国連安保理に報告する。

集団安全保障は、国連加盟国Aが国連加盟国Bへ侵攻したことに対して、国連加盟国全体でA国に制裁を加えるという方式だ。制裁には武力制裁だけでなく、経済制裁（武器などの禁輸）も含まれる。

集団安全保障の典型的な例は湾岸戦争（1991年）だ。イラクがクウェートに侵攻したことに対し、国連安保理決議にもとづく多国籍軍が編成され、イラクに武力制裁を加えた。本来は国連軍が編成されるべきだが、国連軍は実際には存在しないので、米軍を中心とする多国籍軍が編成された。朝鮮戦争（1950～53年）の時に編成された在韓国連

Q18

軍も、集団安全保障に該当するといえよう。この時は、国連安保理決議にもとづく国連軍（米軍が中心）が編成され、韓国を支援した。ただし、国連軍の編成を認めた国連安保理決議は、ソ連が欠席している時に採択されたため、正規の国連軍とは認められていない。

このような多国籍軍による武力行使は、自衛戦争ではなく制裁戦争になる。いいかえれば、集団安全保障とは侵略国に対する武力制裁などを意味する。そのさいには、国連安保理決議というお墨付きが必要になる。日本は武力行使をともなう多国籍軍には参加できない、という政策を採用している。

ところが、改憲草案Q＆A11は、「国防軍の国際平和活動への参加を可能にしました。その際、国防軍は、軍隊である以上、法律の規定にもとづいて、武力を行使することは可能であると考えています。また、集団安全保障における制裁行動についても、同様に可能であると考えています」と述べている。湾岸戦争のような事態に自衛隊を派遣できるようにしよう、ということだ。もし、これが可能になれば、集団的自衛権の行使容認よりも重大な事態になる。**戦後防衛政策の大転換**だ。

●●●●●● 第1次安保法制懇の4類型の①

「公海における米軍の艦船が攻撃されたとき、自衛隊が助けにいかなくていいの？」に答える

安保法制懇の報告書：「共同訓練などで公海上において、我が国自衛隊の艦船が米軍の艦船と近くで行動している場合に、米軍の艦船が攻撃されても我が国自衛隊の艦船は何もできないという状況が生じてよいのか」

A

この事例については、イ、日本が個別的自衛権を発動している場合とロ、発動していない場合に分けて考えてみよう。**イ、日本が個別的自衛権を発動している場合は、その一環として米艦防護も可能だ。そのときの自衛隊による米艦防護は個別的自衛権行使になる。日本が個別的自衛権を行使していない場合は、自衛隊による米艦防護はできない。**

イの場合は、米艦を守ることができる、というのが政府の解釈である。たとえば、夏目晴雄・防衛庁防衛局長は次のように答弁している（1983年2月22日、衆議院予算委員会）。

「（自衛隊が）米艦艇の防衛を主目的として、もっぱらそれを目的として行動するということはないんだということ。それから、アメリカがわが国の防衛のために行動しているということ、そういう前提を踏まえて私どもがその米艦艇を守ることは我が国の自衛権の範囲ではないかとい

Q19

うことを申し上げているわけです」

日本が個別的自衛権を発動したならば、日米安保条約（日本国とアメリカ合衆国との間の相互協力及び安全保障条約）第五条（日本が外国から武力攻撃を受けた場合、米国が軍隊を派遣して日本を守ることを定めた条項）にもとづいて、米国は日本に対して集団的自衛権を行使する（米軍を参戦させる）。つまり、自衛隊と米軍は日米共同作戦を開始する。

有事（戦時）になれば、敵は自衛隊と米軍を区別して攻撃しない。自衛隊も米軍も敵を発見したならば、ただちに攻撃する。敵が自衛隊を狙っているのか、米軍を狙っているのかという判断はしない。したがって、「米軍の艦船が攻撃されても我が国自衛隊の艦船は何もできない」という状況は発生しない。集団的自衛権の行使とは、個々の戦場における集団戦闘のことではない。

● ● ● ● ● 第１次安保法制懇の４類型の①

「公海における米軍の艦船が攻撃されたとき、自衛隊が助けにいかなくていいの？」に答える

（続）

Ａロ、政府が個別的自衛権を発動する前に、現場の軍隊（たとえば、洋上監視中の軍艦など）が武力攻撃を受けた場合は、軍の規則であるＲＯＥ（ルールズ・オブ・エンゲージメント＝交戦法規、自衛隊では部隊行動基準と呼んでいる）で対処する。ＲＯＥは秘密扱いになっている。

米軍の部隊が奇襲された場合、米軍はどう対処するのだろうか。米国では、議会の承認を得て（実際は事後承認）、大統領の命令で個別的自衛権を発動する。それ以前に奇襲された場合でも、米軍は武器を使用して応戦できる。この場合、米軍もＲＯＥにもとづいて武器を使用する。武器の使用を発令するのは、現場の指揮官である。これは「正当防衛」「緊急避難」、あるいは「部隊防護（フォース・プロテクション）権」とでもいうべきもので、個別的自衛権の行使ではない。ただし、米軍のＲＯＥはかなり緩く、近づいてくる者がテロリストかもしれないというだけで発砲できるようだ。

個別的自衛権発動の前に、自衛隊の艦船が奇襲された場合も、ＲＯＥにもとづいて武器を使用できる。法的には、**自衛隊法第九十五条「武器等の防護のための武器の使用」**を適用できる。同条は武器を使って、自

Q20

衛隊の艦船、航空機、基地・駐屯地などを防護できるという規定である。わざわざ法律に規定するまでもない内容であるが、なんでも法律に書いておかないと実施できないというのが、日本の法制度である。自衛隊のROEは、防衛大臣によって発せられる「内訓」（秘密の訓令）という形になっている。敵に手の内を見せないというのが、その理由だ。

ROEは任務別に作成されており、テロ対策特別措置法にもとづく海上自衛隊のインド洋派遣でも、「部隊行動の基準」が作成された。これも「秘」文書になっているが、情報公開請求にもとづいて一部は公開されている。公開されている部分には、「刑法第三六条（正当防衛）又は同第三七条（緊急避難）に該当する場合を除き、相手方（人）に危害を加えてはならない」、「例えば、武器使用の要件を満足した場合においても、正当防衛の要件に合致しないときには相手に危害を与えるような射撃は認められない」という記述がある。

米軍と違って、自衛隊のROEは自己規制的な内容になっている。自己防衛にしか武器を使用できない。だから自衛隊が米艦防護のために駆けつけることはできない。したがって、自衛隊による米艦防護のケースでは、集団的自衛権の問題は発生しない。

●●●●●● 第1次安保法制懇の4類型の②

「米国に向かうかもしれない弾道ミサイルを迎撃できなくていいの？」に答える

安保法制懇の報告書：「同盟国である米国が弾道ミサイルによって甚大な被害を被るようなことがあれば、我が国自身の防衛に深刻な影響を及ぼすことも間違いない。それにもかかわらず、技術的な問題は別として、仮に米国に向かうかもしれない弾道ミサイルをレーダーで捕捉した場合でも、我が国は迎撃できないという状況が生じてよいのか」

A

このケースは集団的自衛権の行使に該当する。ただし、非現実的なシナリオだ。

たとえば、北朝鮮が日本を攻撃していないが、米国の領域（グアムを含む）を弾道ミサイル（地上または潜水艦から発射され、宇宙空間を山なりの軌道で飛翔した後、地上の目標に向けて落下するミサイル）で攻撃しているさいに、自衛隊が米国の領域に向かう弾道ミサイルを迎撃すれば、集団的自衛権の行使にあたる。

しかし、このような事態は現実には想定しにくい。北朝鮮が米国との戦争を決意したとしても、いきなり米国の領域を攻撃するのではなく、その前に在韓米軍基地や在日米軍基地、すなわち韓国や日本を攻撃するはずだ。なぜなら、米軍が反撃する場合、在韓米軍基地や在日米軍基地

Q21

が出撃拠点になるからだ。拠点となる基地を先に壊滅させるのが軍事作戦の常識だ。

在日米軍基地が攻撃されたならば、それは日本への武力攻撃（侵攻）とみなされるので、日本は北朝鮮に対して**個別的自衛権**を行使できる。どこに向かうものであれ、北朝鮮の弾道ミサイルはすべて迎撃できる。このような事態は集団的自衛権の行使には当たらない。

このように法的には北朝鮮の弾道ミサイルを迎撃できるが、技術的な問題がある。海上自衛隊のイージス艦（敵の航空機や弾道ミサイルの迎撃を主任務とする護衛艦）に搭載されているSM—3ブロックⅠ（弾道ミサイルを迎撃するためのミサイル）は射程が短く、米本土やグアムに向かう中・長距離弾道ミサイルは迎撃できない。

現在、日米で共同開発中のSM—3ブロックⅡもターミナル段階（宇宙空間を飛翔中の弾道ミサイルが、再び大気圏内に向けて落下してくる段階）の弾道ミサイルを大気圏外で迎撃するシステムなので、米本土沿岸部やグアムの近海に海上自衛隊のイージス艦を派遣しなければならない。このような配置は日本の防衛態勢を手薄にするため、現実には実行できない。

第1次安保法制懇の4類型の③、④

「国連平和維持活動における『駆け付け警護』ができなくていいの？　『後方支援』もこれまででいいの？」に答える

安保法制懇の報告書：「国際的な平和活動における武器使用の問題である。例えば、同じPKO等の活動に従事している他国の部隊又は隊員が攻撃を受けている場合に、その部隊又は隊員を救援するため、その場所まで駆け付けて、要すれば武器を使用して仲間を助けることは当然可能とされている。我が国隊員だけそれはできないという状況が生じてよいのか」

A

「駆け付け警護」は集団的自衛権の行使には当たらない。

三つ目はいわゆる「駆け付け警護」を可能にすべきではないか、という問題提起だ。国連平和維持活動（PKO）は停戦監視や選挙の実施などを主な活動にしており、中立的な立場から関与する。各国の参加部隊は国連の指揮下で行動しており、参加各国が個別的自衛権や集団的自衛権を行使しているわけではない。紛争当事者に制裁を科しているわけでもないから、集団安全保障（→Q&A18）にも当たらない。

PKOを実施している地域での治安維持活動は、平和維持軍（PKF Peace Keeping Force）本体業務と呼ばれ、歩兵部隊によって実施される。これまで自衛隊は道路工事や輸送調整といった活動しか実施して

Q22

おらず、歩兵（自衛隊では普通科と呼ぶ）部隊は派遣していない。「駆け付け警護」も実施すべきだというのなら、平和維持軍本体業務に自衛隊を派遣することになる。国際平和協力法（PKO協力法）改正（2002年）により、平和維持軍本体業務への参加凍結が解除されたため、現時点でも自衛隊による「駆け付け警護」は法的には可能だ。ただし、派遣される自衛官にとっては危険な任務になる。

四つ目は次のような事例である。

安保法制懇の報告書：「同じPKO等に参加している他国の活動を支援するためのいわゆる『後方支援』の問題がある。補給、輸送、医療等、それ自体は武力の行使に当たらない活動については、『武力の行使と一体化』しないという条件が課されてきた。このような『後方支援』のあり方についてもこれまでどおりでよいのか」

前述したように、PKOは集団的自衛権の行使でもなく、集団安全保障による制裁でもない。したがって、PKOにおける他国の部隊への後方支援は、集団的自衛権の行使には当たらない。制裁戦争を実施している多国籍軍に対して、自衛隊が後方支援を実施するケースは**集団安全保障に参加することになり、これも集団的自衛権の行使には当たらない。**

コラム――5

自衛隊員が戦死したら靖国神社に合祀されるのか

意外に思われるかもしれないが、今のところ自衛隊には「戦死」という概念がない。あるのは「殉職」だ。海外派遣中に武装勢力に攻撃されて死亡した場合でも、「戦死」にはならない。なぜなら、自衛隊は戦争に派遣されているのではなく、人道復興支援活動（道路整備、給水、医療支援など）や海賊対処活動に派遣されているからだ。ＰＫＯ（国連平和維持活動）も停戦合意後に開始されるため、戦争ではない。

日本に侵攻してきた敵と応戦して死亡した場合は、「戦死」とみなすのが常識だが、自衛隊員の「戦死」を想定した法制度は存在しない。防衛出動で死亡した自衛隊員に対して賞じゅつ金を支給できる明確な規定はない（—→コラム4）。自衛隊法には敵前逃亡を処罰する条項がない。防衛出動命令に応じた自衛隊員に対する手当（防衛出動手当）も定められていない。

幸いなことに、戦闘中に殉職した自衛隊員はいない。しかし、災害派遣中や訓練中に殉職した自衛隊員はかなりいる。そのため、防衛省は1957年から毎年、自衛隊殉職隊員追悼式を開催している。現在の開催地は市ヶ谷駐屯地。防衛庁が六本木から市ヶ谷に移転したことに伴い、1998年に市ヶ谷駐屯地内に「メモリアルゾーン」が整備され、ここに自衛隊員殉職者慰霊碑などが集められた。慰霊祭には、内閣防衛大臣も出席する。2013年度の追悼式（10月26日）開催時点での殉職者数は1840人である。

靖国神社は戦死者を合祀する場所なので、今後、海外派遣中に自衛隊員が殉職したとしても、靖国神社に合祀される可能性はほぼない。戦前は国家神道であったが、現在は政教分離が原則だ。自衛隊員の中にはキリスト教徒もいれば、創価学会員もいる。

コラム――6

海外で自衛隊員が武装勢力に拘束された場合、捕虜として取り扱われるのか

捕虜の待遇は「捕虜の待遇に関する1949年8月12月のジュネーヴ条約」(ジュネーヴ第3条約) に規定されており、日本も1953年に加盟している。

捕虜の資格に関しては、同条約第4条に規定されており、紛争当事国の軍隊の構成員は捕虜の資格を与えられる。紛争当事国に属する民兵隊および義勇兵の構成員も、以下の条件を満たせば、捕虜の資格を得られる。

①部下について責任を負う一人の者が指揮していること。
②遠方から認識することができる固着の特殊標識を有すること。
③公然と武器を携行していること。
④戦争の法規及び慣例に従って行動していること。

この他にも、軍隊に随伴する者、たとえば従軍記者、労務隊員、軍人ではない軍用航空機の乗組員なども捕虜の資格を有する。捕虜は人道的に処遇しなければならないという規定もある。ただし、傭兵とスパイは捕虜の資格を得られない。

自衛隊も国際法上は軍隊とみなされる。したがって、海外派遣中に拘束された場合は、捕虜の資格を得られるはずだ。とくに、ジュネーヴ第3条約に加盟している国の軍隊に拘束された場合は、捕虜として処遇される可能性が高い。

しかし、自衛隊員を拘束する可能性のある組織は、国家の軍隊ではなく、民間の武装勢力やテロ組織であろう。このような組織がジュネーヴ第3条約を守るとは考えにくい(このような条約の存在すら知らないだろう)。拘束された自衛隊員は捕虜ではなく、人質として扱われるであろう。それどころか、ただちに処刑される可能性が高いのではないか。

●●●●● 第2次安保法制懇の論議

「我が国近隣有事における船舶の検査はできなくていいの?」に答える

第2次安保法制懇資料より:「我が国近隣で武力攻撃が発生し、米国が集団的自衛権を行使している状況で、我が国は、攻撃国に武器を供給するために航行している船舶の停船・立入検査や必要であれば我が国への回航(武力の行使に当たり得る)を実施しなくてよいのか。このような事案が放置されれば、我が国の存立に影響を与えることにならないか」

A 集団的自衛権の行使を合憲化しなくとも、船舶検査法を改正すれば「我が国近隣有事における船舶の検査」が可能になる。

「我が国近隣で武力攻撃が発生し、米国が集団的自衛権を行使している状況」は「周辺事態」(──→Q&A6)に該当する。典型的な例は「北朝鮮軍の南侵」(安保法制懇の論議)だ。このような事態になれば、**船舶検査法**(周辺事態に際して実施する船舶検査活動に関する法律。二〇〇〇年制定)にもとづいて、北朝鮮に向かう商船(軍艦は対象外)に乗船して、積荷を検査できる。検査を実施するのは海上保安庁ではなく、海上自衛隊だ。船舶検査法では、検査の手順は次のように規定されている。

Q23

①航行状況の監視（北朝鮮につながる海域を通過する船舶の監視）
②自己の存在の顕示（照明弾などにより海上自衛隊艦船の存在を通航中の船舶に知らせる）
③船舶の名称等の照会（通航中の船舶に対して、無線等により出発港、目的港、積荷等を問い合わせる）
④乗船しての検査、確認（通航中の船長の承認を得て行う）
⑤航路等の変更の要請（禁輸品を積載している疑いがある場合、目的港などを変更させる）
⑥船長等に対する説得（船長が要請に従わない場合、従うように説得する）
⑦接近、追尾等（船長が乗船を許可しない場合、船舶への接近、追尾、伴走、進路前方における待機を行う）

海上自衛隊の艦船ができるのは、ここまでである。逃げる船舶に対しては、威嚇射撃もできない。船舶の検査を確実に実施できるようにしたいのならば、集団的自衛権の行使を合憲化しなくとも、船舶検査法を改正し、要請に従わない船舶に対する危害射撃（撃沈も容認される）を可能にすればよい。

●●●●● 第2次安保法制懇の論議

「朝鮮半島有事に日本は支援できなくていいの?」に答える

A 被害国は米国ではなく、韓国である。韓国の来援要請がなければ、日本は集団的自衛権を行使できない。日韓関係が大幅に改善されなければ、集団的自衛権の行使を合憲化しても意味はない。

第2次安保法制懇の二つ目の事例は朝鮮半島有事である。北朝鮮軍が韓国に侵攻したならば、韓国は個別的自衛権を行使して反撃する。米国は米韓相互防衛条約にもとづいて、韓国に対して集団的自衛権を行使する。続いて、米軍を支援するという名目で、日本が韓国に自衛隊を派遣したならば、米国に対して集団的自衛権を行使したことになるのではなく、二番目の参戦国として、韓国に対して集団的自衛権を行使したことになる。

「いや、たとえば、公海上で米軍艦船に対してのみ自衛隊が補給したならば、米国に対する集団的自衛権の行使になるのではないか」という見解もあるだろう。しかし、米軍と韓国軍は米韓連合軍として戦っているのだから、米軍のみを支援することにはならない。これは韓国の領域であっても公海上であっても同じである。集団的自衛権行使の対象は軍隊ではなく国家である。そもそも、米軍は支援するが被害国の韓国は支援

Q24

しないというのはおかしな話だ。

自民党の国家安全保障基本法案（要綱）第一〇条五に書かれているように、被害国（武力攻撃を受けた国）が第三国に対して来援を要請した場合にのみ、第三国は集団的自衛権を行使できる。頼まれてもいないのに、勝手に集団的自衛権を行使することはできない。朝鮮半島有事の場合、米国は支援国であって、被害国ではない。

朝鮮半島有事と集団的自衛権の問題で最大のポイントは、**韓国が日本に来援を要請するか**どうかだ。日韓の歴史的関係を考慮すれば、そうする可能性はきわめて低い。戦力面でも米韓連合軍だけで北朝鮮軍を撃破できる。それどころか、日韓間では朝鮮半島有事を想定した共同訓練すら実施されていないため、自衛隊が参戦しても足手まといになろう。

日本は後方支援（補給、輸送など）だけを実施するとしても、韓国の領域に輸送機などを派遣できなければ、効果的な支援にはならない（周辺事態安全確保法では、日本による米軍への後方支援は、日本の領域と公海上でのみ実施することになっている）。日韓関係が大幅に改善され、日本と韓国が集団的自衛権を行使して守りあう関係にならないかぎり、集団的自衛権の行使を合憲化しても、実質的にはほとんど意味はない。

●●●●●● 第2次安保法制懇の論議

「原油輸入ルートにおける機雷の掃海活動に参加しなくていいの?」に答える

第2次安保法制懇資料より:「我が国が輸入する原油の大部分が通過する重要な海峡等で武力攻撃が発生し、攻撃国が敷設した機雷で海上交通路が封鎖されれば、我が国への原油供給の大部分が止まる。これが放置されれば、我が国の経済及び国民生活に死活的な影響があり、我が国の存立に影響を与えることにならないか。

各国が共同して掃海活動を行う場合、停戦協定等により機雷が『遺棄機雷』になるまで我が国が掃海活動に参加できない現状でよいのか」

A 多国籍掃海部隊による機雷の除去が実施される可能性が高い。これは集団的自衛権の行使ではなく、集団安全保障に該当する。

第2次安保法制懇の論議の三つ目は「我が国の船舶の航行に重大な影響を及ぼす海域(海峡など)における機雷の掃海」という事例である。掃海とは、機雷を爆破処分することだ。

この事例はイランによるペルシャ湾への機雷敷設(機雷を海中に投下すること)を想定したものだろう。機雷を敷設しただけでも、武力行使とみなされる。ただし、特定の国を攻撃するためではなく、米軍の介入

Q25

を防止するという自衛目的であるならば、被害国が発生しない。したがって、イランに対して個別的自衛権を発動する国は存在しない。個別的自衛権を発動している国がない以上、もし米軍などが機雷の掃海に乗り出したとしても、それは集団的自衛権の行使には該当しない。

おそらく、国連安保理がイランを非難する決議を採択し、それにもとづいて、**多国籍掃海部隊**が編成されるのではないか。これはイランによる機雷敷設に対する制裁ということになり、集団安全保障と位置づけられる。当然、海上自衛隊の派遣も要請されるであろう。

しかし、イランからみれば敵対行為となり、イランと多国籍掃海部隊との間で武力衝突が発生する可能性が高い。海上自衛隊の掃海部隊がペルシャ湾に派遣された時（1991年）は、イラクの遺棄機雷（停戦後に放置された機雷）の除去が目的だったため、自衛隊法第九十九条（現在は八十四条の二）「機雷等の除去」を拡大解釈して、掃海部隊を派遣した。遺棄機雷ではない機雷の処分には、同条は適用できないだろう。海上自衛隊の掃海艇を派遣するには、特別措置法が必要になる。しかも、海上自衛隊にとっては、「戦死」も覚悟しなければならないほど過酷な任務になる。

●●●●●● 第2次安保法制懇の論議

「たとえば第2次湾岸戦争がおきて安保理決議が採択されたとき、自衛隊は参戦できなくていいの？」に答える

第2次安保法制懇の資料より：「我が国は、国連安保理決議が全会一致で採択された場合ですら、支援国（引用者注、軍隊を派遣して被攻撃国を支援する国）の海軍艦船の防護といった『武力の行使』ができない。国際正義が蹂躙され国際秩序が不安定になれば、我が国の平和と安全に無関係ではあり得ず、例えばテロが蔓延し、我が国を含む国際社会全体へ無差別な攻撃が行われるおそれがあり、我が国の存立に影響を与えることにならないか。

我が国がこのような活動に参加できなければ、我が国有事の際、国際社会は支援してくれるだろうか。

国際の平和と安定の維持・回復のための安保理の措置に協力することは、国連加盟国の責務ではないか」

A

国連安保理決議にもとづく制裁戦争への参加になるため、集団的自衛権の行使ではなく、集団安全保障への参加になる。

四つ目は「イラクのクウェート侵攻のような国際秩序の維持に重大な影響を及ぼす武力攻撃が発生した際の国連の決定に基づく活動への参加」という事例である。

Q&A18で述べたように、湾岸戦争のような制裁戦争への参加は、集団的自衛権の行使ではなく、**集団安全保障**への参加になる。この事例で

Q26

は、海上自衛隊の護衛艦が、ペルシャ湾に派遣された米海軍の空母を護衛することを想定しているようだが、「武力行使を伴う多国籍軍への参加はできない」というのが、これまでの政府の方針である。

湾岸戦争の際、日本は米軍を中心とする多国籍軍等に130億ドルの資金を提供した。しかし、米国から「日本は金を出すだけで、血や汗を流そうとしない」と散々非難された。日本政府には、この時の状況が**「湾岸トラウマ」**として記憶されている。日本政府はこうした事態を繰り返さないために、ペルシャ湾への海上自衛隊掃海艇の派遣、自衛隊のPKO（国連平和維持活動）参加などに乗り出した。

イラクのクウェート侵攻のような露骨な侵略戦争が再び発生する可能性は低いが、もし、湾岸戦争のような事態が発生し、自衛隊を派遣するのならば、特別措置法が必要になる。限定的な参加であっても、自衛隊にとっては、きわめて危険な任務になる。繰り返しになるが、戦後防衛政策の大転換である。

コラム――7

自衛隊は国内で捕虜をどう扱うのか

2004年にいわゆる有事法制の一つである「武力攻撃事態における捕虜等の取扱いに関する法律」が制定された。あわせて「捕虜収容所処遇規則」、「捕虜資格認定審査規則」、「捕虜等懲戒規則」なども制定された。ただし、これらは国内法なので、日本国内でしか効力を発揮しない。

日本が武力攻撃を受け、自衛権を発動したならば、自衛隊が捕虜を拘束する可能性が出てくる。そのため、自衛隊でも捕虜の取扱いに関する教育・訓練を始めている。統幕国際人道業務室の前田享一・三等空佐が『翼』(航空自衛隊連合幹部会発行、2008年9月)に寄稿した記事「基地外柵で敵兵を拘束！　自衛隊の捕虜等取扱いの現状」を参考に、自衛隊による「捕虜等取扱い」の手順を紹介しよう。

この記事では、敵のパイロットが機体の故障のため、パラシュートで自衛隊基地の近くに降下した事態を想定している。この場合、まず自衛隊基地の歩哨(入口に立っている警備担当の隊員)が敵パイロットを拘束する。その際、武器を持っているかどうかを検査する。

歩哨は警備小隊本部に被拘束者を連行し、拘束報告書を作成する。拘束報告書には、拘束時間、拘束場所、拘束時の状況などが記載される。拘束報告書は大きな名札のようなもので、被拘束者の首にかけて、ひもでつるす。

次に、捕虜資格認定のために必要な四つの情報、すなわち①名前、②階級、③生年月日、④身分証明書番号を確認する。その後で、被拘束者は上級部隊の基地に移送される。そこで、被拘束者が捕虜の資格を有しているかどうかを確認する。捕虜と認定されれば、捕虜収容所に移送される。捕虜収容所では、ジュネーヴ第3条約にもとづいて、人道的に捕虜を取り扱わねばならないとされている。

コラム――8

徴兵制が採用される可能性はあるか

自民党の「日本国憲法改正草案」には、「第九条の三　国は、主権と独立を守るため、国民と協力して、領土、領海及び領空を保全し、その資源を確保しなければならない」という条項が新設された。

この条項について、自民党の「日本国憲法改正草案Q&A13」は、党内論議の中では、「国民の『国を守る義務』について規定すべきではないか」という意見が多く出されました。しかし、仮にそうした規定を置いたときに、「国を守る義務」の具体的な内容として、徴兵制について問われることになるので、憲法上規定を置くことは困難であると考えました」と説明している。つまり、第九条の三は徴兵制の採用を意味しない、ということだ。

将来、徴兵制が採用される可能性はないのだろうか。政府は徴兵制について、現行憲法第十八条「何人も、いかなる奴隷的拘束も受けない。又、犯罪に因る処罰の場合を除いては、その意に反する苦役に服させられない」などに違反するという見解を表明している。

憲法解釈はともかくとして、日本で徴兵制が採用される可能性はほぼない。日本が核武装する可能性より低いだろう。その理由として、以下の点を指摘できる。

①兵器のハイテク化に伴い、自衛官（特に海上自衛隊と航空自衛隊）に要求される知的レベルが高くなっている。短期間の徴兵ではなかなか身につかないレベルなのである。

②少子化に伴う若年労働力人口の減少により、若者を自衛隊にまわす人的余裕がない。すなわち、経済界が徴兵制を容認しない。

③世論の支持を得られる可能性がきわめて低い。したがって、徴兵制の採用を主張する政治家が、たくさん出現する可能性はきわめて低い。

梨の花一輪

梨の木舎　〒101-0051千代田区神田神保町1-42　T.03(3291)8229　F.03(3291)8090　nashinoki-sha@jca.apc.org

2014年4月21日

　何度この碓氷峠を越えたか。車の免許をとったのは48歳のときだった。最初に乗ったのはトヨタのステーションワゴン。これを１日で廃車にした。ガードレールにぶつけるという自損事故、怪我もせずに、後ろの車もまきこまずに車が厄災を引き受けてくれたらしい。車をゆずってくれたＮさんは、「トルコの目が守ってくれたのよ」。前日にもらったガラスのカッパドキア土産が守ってくれた。ありがとう。

「廃車ですね」と修理工場でいわれ、その足で別な車を買いにいった。ここで車を買わなければ、わたしは一生車に乗らないだろうと思った。マーチだったかチェルシーだったか。父通夫さんやユリ子さんや美奈子さんを乗せた。

　４台目の車は、トヨタのピックアップトラック、ハイラックス。アメリカの推理作家トニーヒラーマンの小説にひかれた。主人公のネイティブの保安官がピックアップトラックを使っていた。アメリカでは一般的な車らしいけど。直人に車探しを頼んだら、全長4.9メートル、シルバーに輝くステンレスパイプが荷台部分にはり渡されているオフロード用のこの車を買い込んで来た。ボディはえんじ色に光っていた。車高も高く値段も高かった、中古とはいえ120万、ローンをくんだ。

　高速自動車道に乗り、パーキングで降りると若者が振り返った。「どんなやつが乗ってるんだ、なーんだ、おばさんか…」おばさんは、走った。手放すときは、17万キロを越えていた。５万キロで買ったから、12万キロを走ったわけ。

　このマニュアル車に体力がついていけず、（しかも脅威のガソリン食い）いまはのりこさんにゆずってもらったホンダのＦＩＴで佐久―上田を走る。免許をとってから、18年。車がなかったら、私の今の生活は成り立たない。母の遠距離介護も困難だった。「車の免許をとりなさいよ」は母の卓見だった。ありがとう、ユリ子さん。あなたってリアリストだね。

子どものグリーフを支えるワークブック
――場づくりに向けて

978-4-8166-1305-0
B5判/105頁
定価1800円＋税

NPO法人子どもグリーフサポートステーション　編著
つくば国際大学　高橋聡美　監修

大切な人を亡くしたとき、人は悲しさ、恋しさ、怒り、悔恨などさまざまな感情を抱く。大切な人を亡くした人によりそい、サポートすることをグリーフサポートという。本書は子どもたちのグリーフサポートの実践者養成ワークブック。

君たちに伝えたい　朝霞、そこは基地の街だった。

978-4-8166-0608-3
A5判/200頁
定価1800円＋税

中條克俊著

朝霞の中学校の先生・中條克俊さんが、街に住む人びとにインタビューしたり、資料から読み取ったりして、10年をかけてほりおこした地域の歴史である。菊池章子がうたった『星の流れに』の誕生逸話をおりまぜて送る。

死別を体験した子どもによりそう
～沈黙と「あのね」の間で

978-4-8166-1306-7
四六判/128頁
定価1500円＋税

西田正弘・子どもグリーフサポートステーション代表
高橋聡美・つくば国際大学

「どうやって生きていったらいいの？」と問う子どもたちにどうよりそうか。毎年自殺や事故によって多くの子どもたちが親を失い、東日本大震災でも多くの子どもたちが身近な人との死別を体験した。子どものサポートにかかわってきた著者がおくる。

君たちに伝えたい②　朝霞、キャンプ・ドレイク物語。

978-4-8166-1307-4
A5判/186頁
定価1800円＋税

中條克俊著

朝霞、ＪＡＺＺが流れる街の歴史を掘り起こす。若者たちに伝えたい、かつての「基地の街」の歴史と現在―。２０１２年秋、基地跡地に「朝霞の森」がオープンした。ここは戦後、キャンプ・ドレイクと呼ばれた米軍基地があり、極東のインテリジェンス（諜報活動）を全面的に担ったという。「基地の街」が背負った歴史を著者はここで暮らしてきた人びとに話を聞きながら、明らかにしていく。

平和の種をはこぶ風になれ

――ノーマ・フィールドさんとシカゴで話す

ノーマ・フィールド　内海愛子著

2004年7月4日、内海愛子さんとシカゴ空港に降り立った。対イラク戦争を始めて1年すぎた独立記念日のアメリカ。「戦時下なのに戦争の影がないですね」、から対談は始まった。わたしたちの平和な消費生活が戦争を支えている――。個人史をふり返りながら、「平和」とは何かを考える。

978-4-8166-0703-5
四六判上製/264頁
定価2200円＋税

韓流がつたえる現代韓国

――『初恋』からノ・ムヒョンの死まで

イ・ヨンチェ著

韓流ドラマ・映画を入り口に韓国現代を学ぶ。韓国ドラマの中にはその時代の社会像とその時代を生きた個人の価値観や人間像がリアルに描かれている。植民地・分断・反共・民主化、そして格差をキーワードに織り込みながら、民主化世代の著者が語る。民主化の象徴であるノ・ムヒョン前大統領の死を韓国の国民はどううけとめたか。

978-4-8166-1001-1
A5判/192頁
定価1700円＋税

マイ・レジリエンス

――トラウマとともに生きる

中島幸子著

DVをうけて深く傷ついた人が、心の傷に気づき、向き合い、傷を癒し、自分自身を取り戻していくために。4年半に及ぶ暴力を体験し、加害者から離れた後の25年間PTSD（心的外傷後ストレス障害）に苦しみながらうつとどう向き合ってきたか、経験を語る著者自身のマイレジリエンス。

978-4-8166-1302-9
四六判/298頁
定価2000円＋税

犠牲の死を問う

――日本・韓国・インドネシア

高橋哲哉・李泳采・村井吉敬
コーディネーター・内海愛子

●目次　1　佐久で語りあう――●犠牲の死を称えるの　高橋哲也●死の意味を付与されなければ残された人々は生きていけない　イ・ヨンチェ●国家というのはフィクションです　村井吉敬　2　東京で語りあう

「犠牲の死」、あなたは称えますか？　靖国問題から犠牲の論理を問い続けてきた高橋哲哉さん、民主化運動の犠牲の意味を考えてきた李泳采さん、インドネシアを歩いて、国家も追悼もフィクションだと実感している村井吉敬さん、３人が語る。

978-4-8166-1308-1
A5版/164頁
定価1600円＋税

さて新刊は、リアルにファクト（事実）をみつめないと、この日本の事態に対応できないという、ところからスタートした。

『平和のためのハンドブック軍事問題入門　Q&A40』
福好昌治著　定価：1500円＋税
ISBN978-4-8166-1401-9

福好さんは、『丸』にも書いている軍事問題評論家。わたしは話には聞くものの『丸』なんか読んだことがない「左翼の市民運動家」。

――福好さんと話をしていて、「あなたたち左翼の市民運動家は」という言葉についうなずいてしまったけれど、そう思っているわけではありません。だいたいいま、左翼ってあるの？

右翼は健在だけれど。健在どころか、ますます勢力を広げているけれど。――「左翼」でも内田雅敏は『丸』を愛読しているらしい。

「軍隊はいらない」から一歩もでない市民運動は批判されてもしかたないとは思う。7、8年前山田朗さん（著書に『護憲派のための軍事入門』ほか）の話を杉並で聞いたとき、これは軍事問題をやらなければいけないと思った。

それから、時が流れた。本書の推薦者・内海愛子さんから「軍事問題やらないとね」というひとことからこの本はできた。

原稿をもらって、1週間カットウしてカクトウした。原稿がどういう流れの下に書かれているのか。わからない。さらに、「左翼の市民運動家」のあたまのなかには、個別の事項にいくつか疑問が。

例えば、Q1の憲法第9条と自衛隊の関係について。福好さんは、世論は現状容認を意味する「合憲論」が多数派であるという。そうかな…。

現状は容認するが、それは合憲だと思うからではなくて、違憲だけれど、いまさらどうしようもないから現状維持でいこう。だけどこれ以上力を持たせてはいけない、と護憲派の多くの人が考えていると。

福好さんと話をした。福好さんはそう考えない。しかしこの項目で問題としているのは、自民党は違憲だと考えていて（それは正しい）、だから現実に合うように憲法を変えようとしている。つまり日本は軍隊をもっているよと宣言したい。ここで著者がいいたいのはこの点にあるのだから。著者は、編集者の質問に、「ナンデナンデこんな質問するの？」と思ったかもしれないけれど。

2章の集団的自衛権については､政権お手盛りの安保法制懇のタメニする議論を一つ一つファクト(事実)によって崩していく。

とも子さんは、ゲラを読んで「この本、梨の木舎の読者はびっくりするかもしれないね」という感想をもらした。

国会議員、ジャーナリスト、市民運動に必要な1冊に仕上がったと思う。

さて、この本には武器輸出3原則廃止の説明はない。土井たか子さんが現役だったとき、議員会館でお会いした国会図書館勤務の宮崎さん（故人）から、武器輸出3原則を守らせるために国会でどれほど力をつくしたかをお聞きしたことがある。福好さん、次は、「武器輸出3原則の廃止」について書いてくださいね。

（はた）

3章　特定秘密保護法

自分のめ
でてこい自
分どのように
脳
NO
NO
脳
どのように生きるかどのように……
NO脳
君が世って
どんな世
な脳?。
Akemi Takaku

MSA（Mutual Security Act）秘密保護法って何ですか？

A

米軍から自衛隊に提供された装備品に関する秘密情報を保護する法律である。これは特別防衛秘密として保護されている。

2013年12月に特定秘密の保護に関する法律（以下、特定秘密保護法と略す）が成立した。しかし、すべての秘密が特定秘密保護法の対象になるわけではない。安全保障に関する秘密でも、特定秘密保護法の対象にならないものがある。その一つが特別防衛秘密である。

1954年に**「日本国とアメリカ合衆国との間の相互防衛援助協定」**（MSA協定。MDA協定ともいう）が発効した。これに基づき、米国から日本に各種の兵器（船舶、航空機、武器、弾薬その他の装備品。その使用方法も含む）が供与されるようになった。これらの兵器に関する秘密を保護するために「日米相互防衛援助協定等に伴う秘密保護法」（MSA秘密保護法、1954年）が制定された。MSA秘密保護法の対象となる秘密を「特別防衛秘密」という。特別防衛秘密は米国から提供された装備品に関する秘密をさし、米国から提供された秘密全体をさすのではない。装備品以外に、米国から防衛省に提供された秘密は、「防衛秘密」ないし「省秘」（→Q&A34・35）として扱われている。

Q27

ＭＳＡ秘密保護法第三条で、次の項目に該当する者は10年以下の懲役に処すると規定されている。

1　わが国の安全を害すべき用途に供する目的をもって、又は不当な方法で、特別防衛秘密を探知し、又は収集した者

2　わが国の安全を害する目的をもって、特別防衛秘密を他人に漏らした者

3　特別防衛秘密を取り扱うことを業務とする者で、その業務により知得し、又は領有した特別防衛秘密を他人に漏らしたもの

ＭＳＡ秘密保護法では、「わが国の安全を害すべき用途」（スパイ目的）で秘密を探知・収集する者も処罰の対象になる。過失によって特別防衛秘密を漏洩させた者は、2年以下の禁固または5万円以下の罰金になる。特別防衛秘密の漏洩を教唆・扇動した（そそのかした）者は3年以下の懲役に処せられる。特定秘密保護法でも最高刑は懲役10年になっているが、特別防衛秘密の漏洩は１９５４年（自衛隊発足の年）から懲役10年なのである。２００７年にイージス・システム（ミサイル防衛や対空戦に使用するミサイルの運用方法）が漏洩するという事件が発生したが、このイージス・システムは特別防衛秘密だった。

⋯⋯⋯では、在日米軍の秘密はどのように保護されているのですか？

A

在日米軍の秘密も特定秘密保護法の対象にはならず、刑事特別法第六、第七、第八条によって保護されている。

在日米軍の保有している秘密が、すべて自衛隊に提供されるわけではない。米軍が自衛隊と共有すべきと判断した秘密しか、自衛隊には提供されない。そのため、在日米軍が単独で保有している秘密はかなり多いと思われる。

在日米軍の秘密を保護している法律は、**「日本国とアメリカ合衆国との間の相互協力及び安全保障条約第六条に基づく施設及び区域並びに日本国における合衆国軍隊の地位に関する協定の実施に伴う刑事特別法」**（独立回復の年である1952年制定。以下、刑事特別法と略す）という。長ったらしい名前だが、要するに日米安保条約と在日米軍地位協定（刑事裁判権など、在日米軍の特権を定めた協定）にもとづいて、刑法や刑事訴訟法の特別措置を定めた法律だ。**刑事特別法第六条**は次のように規定されている。

1　合衆国軍隊の機密（合衆国軍隊についての別表に掲げる事項及びこれらの事項に係る文書、図画若しくは物件で、公になっていないものをいう。以下同じ）を、合衆国軍隊の安全を害すべき用途に供する目的をもって、又は不当な方法で、探知し、又は収集した者は、十年以下の懲役に処する。

2 合衆国軍隊の機密で、通常不当な方法によらなければ探知し、又は収集することができないようなものを他人に漏らした者も、前項と同様とする。

3 前二項の未遂罪は、罰する

秘密漏洩を教唆・扇動した（そそのかした）者は5年以下の懲役に処せられる（**刑事特別法第七条**）。別表には以下のような項目が記載されている。①防衛の方針若しくは計画の内容又はその実施の状況、②部隊の隷属系統、部隊数、部隊の兵員数又は部隊の装備、③部隊の任務、配備又は行動、④部隊の使用する軍事施設の位置、構成、設備、性能又は強度、⑤部隊の使用する艦船、航空機、兵器、弾薬その他の軍需品の種類又は数量、⑥軍事輸送の計画の内容又はその実施の状況（その他略）。

在日米軍基地の周辺には、基地を監視しているグループや軍用機を撮影するマニアがいるが、その人たちが刑事特別法の対象にされたことはない。特定秘密保護法は在日米軍の秘密を保護する法律ではないので、同法によって基地監視活動が制約されることもない。

日米軍事情報包括保護協定（GSOMIA《ジーソミア》）とは何ですか？

A

２００７年８月に日米両政府は、軍事情報包括保護協定（ＧＳＯＭＩＡ）を締結した。ＧＳＯＭＩＡは、秘密軍事情報の保護に関する二国間協定をさす。特定秘密保護法は実質的に日米ＧＳＯＭＩＡなどの国内法に相当する（→Ｑ&Ａ37・38）。

米国はオーストラリア、フランス、イスラエル、インドなど、60数カ国とＧＳＯＭＩＡを締結しているといわれている。そのすべてが公開されているわけではないが、日米ＧＳＯＭＩＡは公開されている。

ＧＳＯＭＩＡは互換的な協定である。たとえば、米国から日本に提供される秘密軍事情報だけでなく、日本から米国に提供される秘密軍事情報も保護の対象になる。ただし、保護の対象になるのは秘密軍事情報だけで、外交や治安（スパイ対策やテロ対策など）に関する秘密情報は保護の対象にならない。

日米ＧＳＯＭＩＡの主な内容は次のとおり。

①秘密軍事情報を受領した国は、秘密軍事情報を提供した国の承認なしに、提供された秘密軍事情報を第三国に提供しない。

②秘密軍事情報を受領した国は、提供された情報に対して、提供国と同等の保護措置をとる。米軍は秘密軍事情報を秘密度の高い順に「トッ

Q29

プ・シークレット」「シークレット」「コンフィデンシャル」という三つのレベルに区分している。自衛隊も秘密度の高いほうから順に、「機密」「極秘」「秘」という三つのレベルに区分している。たとえば、米軍から自衛隊に提供された秘密軍事情報のランクが「シークレット」ならば、自衛隊はその情報を「極秘」に指定しなければならない。

③秘密軍事情報を受領した国は、提供国の承認なしに本来の目的以外に使用しない。

④秘密軍事情報を受領した国は、提供された情報に含まれる特許権、著作権、企業秘密などの私権を尊重する。

⑤提供される情報には、文書、口頭で伝達される情報、映像などあらゆるものが含まれる。

⑥秘密軍事情報の伝達は政府間のチャンネルで行う。

⑦自衛隊や米軍から業務を請け負っている企業とその施設も、秘密情報取扱資格（セキュリティ・クリアランス）を取得しなければならない。

⑧提供国は受領国の秘密保護措置を査察するため、受領国の施設を定期的に訪問できる。

適性評価ってGSOMIAでも規定されているんですか？

A

規定されている。自衛隊員や防衛産業の従業員が秘密軍事情報にアクセスできる資格を有しているかどうかを調べる。いわゆる身元調査だ。セキュリティ・クリアランスともいう。

適性評価は**日米GSOMIA第七条**に規定されている。ここは特定秘密保護法との関連でとくに重要な部分だ。第七条は次のような条項から構成されている（(e)は省略）。

(a)いかなる職員も階級、地位又は秘密軍事情報取扱資格のみにより、秘密軍事情報へのアクセスを認められてはならない（引用者注：適性評価にパスしているからといって、すべての秘密軍事情報にアクセスできるわけではない。秘密軍事情報にもランクがあり、たとえば「極秘」や「秘」に指定されている情報にはアクセスできるが、「機密」の情報にはアクセスできない者もいる。知る必要のある者にのみ知らせるというのが、秘密保護の原則だ）。

(b)秘密軍事情報へのアクセスは、政府職員であって、職務上当該アクセスを必要とし、かつ、当該情報を受領する締約国政府の国内法令に従って秘密軍事情報取扱資格を付与されたものに対してのみ認められる（引用者注：締約国政府の国内法令に相当するのが、特定秘密保護法

Q30

だ)。

(c)両締約国政府は、政府職員に秘密軍事情報取扱資格を付与する決定が、国家安全保障上の利益と合致し、及び当該政府職員が秘密軍事情報を取り扱うに当たり信用できかつ信頼し得るか否かを示すすべての入手可能な情報に基づき行われることを確保する(引用者注:あらゆる情報にもとづいて適性評価をおこなうということである。特定秘密保護法では適性評価の項目が六つに限定されているが、日米GSOMIAでは無制限になっている。Q&A38参照)。

(d)秘密軍事情報へのアクセスを認められる政府職員に対して、(c)に規定される基準が満たされていることを確保するために、適当な手続きが、両締約国政府により自国の国内法令に従って実施される(引用者注:自国の国内法令に相当するのが特定秘密保護法である)。

これらの条項にもとづいて、日本政府も秘密軍事情報を取り扱う政府職員に対して、適性評価を実施しなければならない。自衛隊から仕事を受注している企業も、従業員(全従業員ではなく、兵器生産に携わっている従業員)に対して、適性評価を実施しなければならない。

日米GSOMIAはなぜ締結されたんですか？　なぜ国会に上程されなかったんですか？

A

日米防衛産業の協力関係の進展が主因である。日米GSOMIA締結時（2007年8月）に、参議院は与野党逆転状態になっており、国会の承認を得られる可能性がなかったから、国会に上程されなかった。

米国から日本に兵器を提供する場合や日米共同研究・開発をおこなう場合、MSA秘密保護法（→Q&A27）にもとづく個別の取極（実施協定、実施細則、細目取極、覚書等）がそのつど締結されてきた。この方式でも大きな不都合は生じていなかった。では、なぜ日米GSOMIAが必要になったのだろうか。

その主たる要因は、日米防衛産業の協力関係の進展だ。たとえば、ミサイル防衛システムの日米共同開発などで、兵器の開発に関する両国の連携が急速に進んでいる。また、北朝鮮の動向監視など、自衛隊と米軍の共同作戦も進んでいる。これに伴い、米国から提供される秘密軍事情報（北朝鮮のミサイル基地を撮影した米軍偵察衛星の情報など）も増えた。そのため、日米GSOMIAを締結する必要性が高まった。

日米GSOMIAの実効性を確保するためには、適性評価（身元調査）等を実施するための法的根拠、すなわち国内法が必要になる。秘密

Q31

漏洩に対する罰則の強化も検討対象になるはずだ。国内法を整備するためには、まず日米GSOMIAの国会承認が必要になる。

ところが、政府は日米GSOMIAを国会承認案件としなかった。条約・協定には、国会の承認を要するものと不要なものがある。大平正芳外相は1972年2月2日、衆議院外務委員会で、国会の承認を要する条約・協定について、次の三種類を挙げている（いわゆる**「大平三原則」**）。

①国内法の制定・改正等、新たな立法措置を要するもの、②新たな財政措置を要するもの、③政治的に重要な条約・協定

日米GSOMIAは①に該当するはずだが、政府は国内法の改正は必要ないとして、国会での批准を求めなかった。なぜなら、2007年7月の参議院議員選挙で自民党が敗北し、参議院では与野党の勢力が逆転していたからだ。つまり、国会に上程しても、承認される見込みがないから、あえて国内法を改正せずに、政治情勢の変化を待っていたのだ。

その結果、第二次安倍政権の誕生によって、日米GSOMIAの国内法に相当する特定秘密保護法を国会に上程できるようになったというわけだ。

日NATO・日仏・日豪・日英のあいだにも情報保護協定はあるんですか？

A

日米GSOMIAとほぼ同様の協定がある。ただし、秘密保護の対象は広くなっている。

政府は日米GSOMIAの国会上程を断念したものの、米国以外の国・機構とも情報保護協定を締結しはじめた。まず、2010年6月、**日NATO情報保護協定**（情報及び資料の保護に関する日本国政府と北大西洋条約機構との間の協定）を締結した。

続いて、2011年10月には、**日仏情報保護協定**（情報の保護に関する日本国政府とフランス共和国政府との間の協定）が締結された。2012年5月には、**日豪情報保護協定**（情報の保護に関する日本国政府とオーストラリア政府との間の協定）を締結した。2013年7月にも、**日英情報保護協定**（情報の保護に関する日本国政府とグレートブリテン及び北アイルランド連合王国政府との間の協定）を締結している。

四つの協定はほぼ同じ内容である。一例として、日仏情報保護協定の内容を見てみよう。日米GSOMIAでは、秘密軍事情報だけが保護の対象になっており、日本側の主務官庁も防衛省になっているが、日仏情報保護協定では、「国家安全保障のために保護を必要とする」政府の情報が保護の対象になっており、軍事だけでなく国家安全保障に関連する

Q32

外交情報や治安情報も保護の対象になる。日本側の主務官庁は外務省だ。

日仏情報保護協定の核心的部分である第七条は、次のような内容になっている。

「・秘密情報を受領する締約国政府は、当該秘密情報を提供する締約国政府の事前の書面による承認を得ることなく、第三国の政府、個人、企業、機関、組織又は他の団体に対し、当該秘密情報を提供しないこと。

・秘密情報を受領する締約国政府は、自国の国内法令に従って、当該秘密情報について当該秘密情報を提供する締約国政府により与えられている保護と実質的に同等の保護を与えるために適切な措置をとること。

・秘密情報を取り扱う政府の各施設が、秘密情報取扱資格を有し、かつ、当該秘密情報にアクセスすることを許可されている個人の登録簿を保持すること（その他は略）」

三番目の条項に関連して、関係職員の適性評価（身元調査）が実施される。特定秘密保護法は日米GSOMIAの国内法でもあるが、四つの情報保護協定の国内法といったほうがより正確になる。

●●●●●特別管理秘密っていうのもあるんですか？

A

日本政府が保有している秘密のうち、特に秘匿することが必要な秘密をさす。

政府は日米GSOMIAの国会上程を断念したかわりに、2007年8月、「カウンターインテリジェンス機能の強化に関する基本方針」を決定した。カウンターインテリジェンスとは、スパイ対策のことだ。これにもとづいて、特別管理秘密（特管秘）なるものが新設された。つまり、政府は日米GSOMIAの国内法制定という正攻法をとらず、政府内部の規則という形で、当面やり過ごそうとしたのである。

防衛省では、**特別防衛秘密**（→Q&A34）を**特別管理秘密**として扱うことにした。政府の「衆議院議員塩川鉄也君提出特別管理秘密の管理に関する質問に対する答弁書」（2012年11月6日）によると、内閣官房が特別管理秘密として指定しているのは、情報収集衛星で撮影した画像、「内閣情報会議が決定した情勢認識」など、27万4191件（件数は原本の数を指す。原本のコピーは含まれない）だ。外務省の特別管理秘密は1万6650件だ。警察庁の特別管理秘密は1万1000件、公安調査庁では9635件、海上保安庁では3512件となっている。内閣法制局、復興庁、消費者庁は0件だ

（その他の省庁は省略）。

また、政府は前記の**「カウンターインテリジェンス機能の強化に関する基本方針」**にもとづいて、「秘密取扱者適格性確認制度」を設け、特別管理秘密を取り扱う職員の適性評価（身元調査）を開始した。特定秘密保護法では、適性評価のあり方が問題になっているが（─→Q&A38）、政府職員の適性評価はすでに実施されている。

前掲の政府答弁書および政府の「衆議院議員塩川鉄也君提出特別管理秘密及び秘密取扱者適格性確認制度に関する質問に対する答弁書」（2012年11月16日）によると、適性評価にパスしている職員の数は、内閣官房で505人、防衛省で6万0480人、外務省で2014人、警察庁で543人、公安調査庁で155人、海上保安庁で300人となっている（その他の省庁は省略）。

特定秘密保護法施行後、特別管理秘密の多くは特定秘密に移行するとされている。ただし、特別管理秘密の中には、宮内庁の特別管理秘密（「皇室会議議員互選関係」など）のように安全保障とは関係のない秘密も含まれているので、すべての特別管理秘密が特定秘密に移行するわけではないようだ。

●●●●●●防衛秘密って何ですか？

A

防衛省が保有している秘密（特別防衛秘密を除く。本書のQ&A27参照）で、機密（トップ・シークレット）と極秘（シークレット）に相当する秘密情報を指す。

現職の海上自衛官が在日ロシア大使館付武官に自衛隊の秘密文書を渡したため、公安警察に逮捕されるという事件が発生した（2000年9月）。それまで、防衛省の秘密（特別防衛秘密を除く）は庁秘（2007年1月の防衛省移行後は省秘）と呼ばれており、秘密度の高い順に機密、極秘、秘の三つに区分されていた。

ところが、この事件を契機に、自衛隊法第九十六条の二として「防衛大臣は、自衛隊についての別表表四に掲げる事項であって、公になっていないもののうち、我が国の防衛上特に秘匿することが必要なもの（特別防衛秘密を除く）を防衛秘密として指定するものとする」という条項が新設された。この条項にもとづき、庁秘のうち機密、極秘に指定されていた秘密の多くが、順次、防衛秘密に指定されていった。

別表表四に掲げる事項には、「自衛隊の運用又はこれに関する見積り若しくは計画若しくは研究」「防衛に関し収集した電波情報、画像情報その他の重要な情報」「防衛力の整備に関する見積り若しくは計画又は

Q34

研究」「武器、弾薬、航空機その他の防衛の用に供する物（船舶を含む）の種類又は数量」「防衛の用に供する通信網の構成又は通信の方法」「防衛の用に供する暗号」など、10項目があがっている。人事に関する情報以外のすべてが対象になっているといっても過言ではなかろう。ただし、すべての秘密情報ではなく、機密、極秘レベルのものが防衛秘密に指定される。

罰則は自衛隊法第百二十二条に規定されており、「防衛秘密を取り扱うことを業務とする者がその業務により知得した防衛秘密を漏らしたときには、五年以下の懲役に処する」となっている。「防衛秘密を取り扱うことを業務とする者」の中には、防衛大臣・副大臣・政務官と防衛産業の従業員で兵器の開発・生産に携わっている者も含まれる。

防衛秘密の漏洩を共謀・教唆・扇動した者に対する罰則もあり、三年以下の懲役に処せられる。共謀（共同謀議）とは、複数の防衛秘密取扱有資格者が防衛秘密の漏洩について協議することをさす。つまり、実際に防衛秘密を漏洩しなくとも、漏洩行為を計画しただけで罪になるわけだ。教唆・扇動とは、外部の者が「防衛秘密を取り扱うことを業務とする者」に対して、秘密漏洩をそそのかすことだ。

特別防衛秘密、防衛秘密以外にも自衛隊の秘密ってまだあるんですか？

A **ある。自衛隊法第五十九条、および第百十八条で保護されている。**
特別防衛秘密、防衛秘密に該当しない秘密は、現在、「省秘」と呼ばれている。重要度からいえば、機密、極秘の下にランクされる「秘」（コンフィデンシャル）に相当する。

自衛隊法第五十九条は「秘密を守る義務」を定めており、「隊員は、職務上知ることのできた秘密を漏らしてはならない。その職を離れた後も、同様とする」と規定されている。「隊員」とは自衛隊員のことで、自衛隊員ではない防衛大臣、防衛副大臣、防衛政務官などは対象にならない（自衛隊員の範囲については、⟶Q&A10）。つまり、防衛大臣、防衛副大臣、防衛政務官などが省秘を漏らしても犯罪にはならないのである。

だからといって、防衛大臣、防衛副大臣、防衛政務官などに省秘を守る義務がまったくないというわけではない。２００１年１月６日に、「国務大臣、副大臣及び大臣政務官規範１（８）秘密を守る義務　職務上知ることのできた秘密を漏らしてはならない。（中略）これらについては、国務大臣等の職を退任した後も同様とする」という閣議決定がお

Q35

こなわれた。ただし、罰則はない。

省秘を漏らした者に対する罰則は**自衛隊法第百十八条**に規定されており、1年以下の懲役または3万円以下の罰金である。国家公務員法、地方公務員法などで定められている秘密漏洩罪の罰則も、1年以下の懲役または3万円以下の罰金だ。

自衛隊法第百十八条によると、秘密漏洩の企て、教唆、ほう助をした者も1年以下の懲役または3万円以下の罰金に処せられる。

これまでに述べてきた特別防衛秘密、防衛秘密、省秘は法令に基づく秘密であり、その漏洩は刑罰の対象になる。また、防衛省では、「秘密保全に関する訓令」「特別防衛秘密の保護に関する訓令」「防衛秘密の保護に関する訓令」などの内部規則において、詳細な秘密管理規則を定めている。ただし、実際に厳密に管理されているかどうかは、別問題であろう。

防衛省には、省秘より秘密度の低い文書として、「注意」「部内専用」「部外秘」といったマークの付いている文書もある。これらは非公開文書だが、法令に基づく秘密文書ではない。これらを漏らした者が懲戒処分の対象になる可能性はあるが、刑罰の対象にはならない。

いったい防衛省・自衛隊はどのくらいの秘密を保管しているのですか？

A

膨大な数の秘密文書を保管している。ただし、年々増大しているとまではいえない。

防衛省が衆議院予算委員会に提出した資料をもとに、２０１１年末現在の秘密保管数をみてみよう。

米国から日本に提供された装備品などに関する秘密情報である**特別防衛秘密**は、秘密度の高いほうから順に、機密、極秘、秘の三つに区分されている（→Q＆A29）。このうち機密はゼロ件だ。つまり、米国は同盟国・日本に対しても、機密情報を提供しないということだ。極秘は２６８２件、９６２９点（94頁表①参照。件数は原本の数、点数はコピーの数をさす）。秘は７５４６件、11万９６０６点。合計すると、１万０２２８件、12万９２３５点になる。２００７年末現在の特別防衛秘密は９２７６件、13万１７５６点だったから、件数では増加、点数では減少ということになる（コピーの作製数を減らしたということだ）。

防衛省・自衛隊の秘密で、機密・極秘に相当する防衛秘密の保管数は（95頁表③参照）、３万０７５２件、17万０９６１点である。これに対し、２００７年末現在の防衛秘密保管数は１万９７８４件、13万２０７９点だった。両者を比較すると、件数、点数ともに大幅に増えている。

Q36

省秘の保管数は8万4808件、173万9068点である。これに対し、2007年末現在の省秘保管数は、10万2895件、170万0966点だった。両者を比較すると、件数は減少しているが、点数はやや増えている。

必ずしも防衛省・自衛隊の秘密が年々増加しているとはいえないが、膨大な数の秘密を保管していることは間違いない。

防衛省・自衛隊の秘密には、秘密指定期限のついているものとついていないものがある。秘密指定期限のついている文書は、期限切れになると破棄される。防衛秘密は秘密指定を解除されても、国立公文書館に移管されない。政府の「衆議院議員長妻昭君提出防衛省の秘密解除後の文書公開と破棄に関する質問に対する答弁書」（2013年11月26日）によると、2012年の間に破棄された特別防衛秘密は約120件、約1万1900点だ。同期間に破棄された防衛秘密は約7800件、約8万3500点だ。省秘の破棄件数は約3万8800件、約43万8000点だ。こうして膨大な数の秘密文書が永遠に公開されることなく、闇の中に消えていく。

表①最近５年間の各秘密区分（特別防衛秘密（機密、極秘、秘）及び省秘）毎の各年末の保管件数、保管点数

		特別防衛秘密				省秘
		機密	極秘	秘	合計	
平成19年末	件数	0	1,678	7,598	9,276	102,895
	点数	0	6,960	124,796	131,756	1,700,966
平成20年末	件数	0	2,137	7,847	9,984	118,488
	点数	0	7,608	121,456	129,064	1,728,219
平成21年末	件数	0	2,301	7,746	10,047	96,981
	点数	0	7,651	124,100	131,751	1,760,077
平成22年末	件数	0	2,343	7,518	9,861	87,529
	点数	0	9,035	122,896	131,931	1,731,577
平成23年末	件数	0	2,682	7,546	10,228	84,808
	点数	0	9,629	119,606	129,235	1,739,068

※上記の数字には、電磁的記録媒体に記録する個々の文書の数も計上しています。

表②最近５年間の各秘密区分（特別防衛秘密（機密、極秘、秘）及び省秘）毎の各年毎の指定件数、指定点数

		特別防衛秘密				省秘
		機密	極秘	秘	合計	
平成19年	件数	0	182	94	276	42,467
	点数	0	353	163	516	242,278
平成20年	件数	0	385	195	580	45,578
	点数	0	712	411	1,123	274,633
平成21年	件数	0	226	119	345	45,098
	点数	0	607	1,833	2,440	260,641
平成22年	件数	0	162	170	332	40,891
	点数	0	811	1,219	2,030	253,931
平成23年	件数	0	351	90	441	38,785
	点数	0	809	1,006	1,815	236,333

※上記の数字には、電磁的記録媒体に記録する個々の文書の数も計上しています。

表③防衛秘密の各年末の保管件数、保管点数

保管件数、保管点数		
平成18年末	件数	9,772
	点数	88,166
平成19年末	件数	19,784
	点数	132,079
平成20年末	件数	25,869
	点数	149,749
平成21年末	件数	26,987
	点数	151,393
平成22年末	件数	28,408
	点数	164,141
平成23年末	件数	30,752
	点数	170,961

※上記の数字には、電磁的記録媒体に記録する個々の文書の数も計上しています。

(③④とも平成25年３月７日付「2013年度予算に関する資料要求」のあった時点において遡って把握できたものすべて)

(出典)
防衛省から衆議院予算委員会に提出された資料

表④防衛秘密の各年末の指定事項数(保有数)及び各年毎の指定件数、指定点数

各年末における指定事項数(保有数)	
平成14年	39
平成15年	101
平成16年	127
平成17年	134
平成18年	154
平成19年	218
平成20年	221
平成21年	224
平成22年	230
平成23年	233
平成24年	234

指定件数、指定点数		
平成18年	件数	5,227
	点数	59,146
平成19年	件数	12,351
	点数	88,905
平成20年	件数	9,125
	点数	75,568
平成21年	件数	10,927
	点数	83,343
平成22年	件数	12,065
	点数	82,664
平成23年	件数	10,960
	点数	82,645

※上記の数字には、電磁的記録媒体に記録する個々の文書の数も計上しています。

特定秘密保護法でいう特定秘密って何のことですか?

A

政府が保有する秘密情報のすべてをさすのではない。①安全保障にかかわる外交、②防衛、③特定有害活動の防止、④テロ対策に係る秘密情報のうち、機密と極秘に相当するレベルの秘密情報をさす。

防衛に関する**特定秘密とは、防衛秘密**のことだ。特定秘密保護法施行後、防衛秘密は特定秘密に移行し、防衛秘密という名称は廃止される。特定有害活動とは、スパイと大量破壊兵器関連物資の密輸に関する情報のことだ。スパイ対策のために公安警察や公安調査庁が保管している秘密情報のうち重要度の高いものが、特定秘密に該当する。大量破壊兵器とは核兵器、化学兵器、生物兵器のことで、それらを敵国に投入する手段となる弾道ミサイルも規制の対象になっている。公安警察などは日本国内で、大量破壊兵器の開発に使用できる物資の密輸を監視しており、そこで入手した秘密情報のうち重要度の高いものが特定秘密に指定される。

特定秘密を指定するのは行政機関の長(大臣など)となっているが、実質的には秘密文書を作成した部署の責任者が秘密区分を指定することになる。

Q37

特定秘密指定の有効期間は最大60年となっているが、次の事項は有効期間を無期限に延長できる**（特定秘密保護法第四条第四項）**。

①武器、弾薬、航空機その他の防衛の用に供する物（船舶を含む）、②現に行われている外国の政府又は国際機関との交渉に不利益を及ぼすおそれのある情報、③情報収集活動の手法又は能力、④人的情報源に関する情報、⑤暗号、⑥外国の政府又は国際機関から60年を超えて指定を行うことを条件に提供された情報

現在でも、実質的に「永遠の秘密」になっているものが少なくないが、特定秘密保護法はそれを法的に保障することになる。

特定秘密の漏洩に対する罰則は、10年以下の懲役または1000万円以下の罰金で、防衛秘密の漏洩罪より重くなっている（特別防衛秘密の漏洩と米軍の機密探知は最高刑懲役10年だ。→Q&A27、28）。秘密取扱有資格者による秘密漏洩だけでなく、スパイ目的や自己の不正な利益のために、特定秘密を脅し取るかまたは盗んだ者、不正アクセス行為により特定秘密を入手した者も、10年以下の懲役に処せられる**（特定秘密保護法第二十四条）**。

特定秘密保護法でいう適性評価って何を評価するんですか？

A

特定秘密保護法第十二条で、次の7項目が適性評価（身元調査）の対象項目となっている。

一　特定有害活動およびテロリズムとの関係に関する事項（引用者注：適性評価の対象者本人だけでなく、配偶者・父母・子・兄弟姉妹・配偶者の父母と子・同居人の氏名、生年月日、国籍、住所に関する事項が含まれる。過去に有していた国籍も含む）
二　犯罪および懲戒の経歴に関する事項
三　情報の取扱いに係る非違の経歴に関する事項
四　薬物の濫用および影響に関する事項
五　精神疾患に関する事項
六　飲酒についての節度に関する事項
七　信用状態その他の経済的な状況に関する事項

「一」では、外国の情報機関やテロ組織と関係していないかどうかを調べる。本人だけでなく家族なども評価の対象になる。配偶者が中国人や朝鮮籍の人ならば、それだけでマークされるだろう。「一」に記載されている人物だけでなく、評価対象者の知人などに問い合わせることもで

Q38

きる。防衛関連企業で兵器生産に携わっている者も評価の対象になる。

「二」「三」「四」「五」で問題のある者は、それだけで特定秘密を取り扱う資格を失うだろう。「三」は過去に秘密を漏洩したことがあるか、という意味だ。「六」はあいまいな基準だが（自分もひっかかるのではと心配になる人もいるだろう）、泥酔してうっかり特定秘密を漏らすおそれがないかどうかを調べる。「七」は多額の借金を抱えていないかどうかを調べるという意味で、金に困っていればスパイに籠絡されやすい。

適性評価はまず本人に対するアンケートという形で実施される。しかし、本人が自分に不利になるようなことを書くわけがない。したがって、疑わしい人物に対する調査は、**自衛隊情報保全隊**（→Q＆A39）が公安警察の協力を得てひそかに実施することになろう。

時代によって調査項目の変更はあるだろうが、身元調査は自衛隊発足以来実施されている。特定秘密取扱有資格者に対する調査だけでなく、自衛隊に入隊しようとする者の身元調査も実施されている。現在、自衛隊で実施されている身元調査は、特定秘密保護法で規定されている範囲よりも広く、海外渡航歴や交友関係なども対象になっている。身元調査は警察、外務省、大企業でも実施されている。

コラム——9

防衛省における情報公開はどうなっているか

防衛省は10万件以上の秘密を保有している（—→Q＆A36）。だからといって、なんでも秘密にされているわけではない。諸外国と比べて、公開されている情報は多い。たとえば、毎年『防衛白書』を発行している国は日本だけだ。「朝雲新聞社」（自衛隊出版局のような会社）発行という形になっているが、『防衛ハンドブック』という膨大な資料集も毎年発行している。一方、アメリカは9.11テロ（2001年）の後から、『国防報告』を発行しなくなった。

また、インターネットの発達によって、かつては防衛記者会や国会議員にしか配布されなかった資料に、だれでもアクセスできるようになった。さらに、情報公開法施行により、それまで門外不出であった資料も入手できるようになった。「秘」に指定されている資料でも、開示される部分が少なくない。その一方で、「注意」にすら指定されていないにもかかわらず、非開示部分が存在する資料もある。開示基準には整合性がないようだが、情報公開法施行前と施行後では、入手できる資料の量が増え、質も向上した。

しかし、防衛省の情報公開には不可解な面もある。防衛省は翌年度の事業計画を説明した資料をホームページに掲載している。統合幕僚監部、陸上自衛隊、海上自衛隊、航空自衛隊も同様の資料を作成しており、防衛記者会に配布しているが、ホームページには掲載していない。

自衛隊にはさまざまな職種学校（富士学校、施設学校など）があるが、そこの機関誌は公開されていない。実質的に陸上自衛隊幹部学校の機関誌である『陸戦研究』は国立国会図書館に納入されているが、部外者は購入できない。そのなかで、海上自衛隊幹部学校が『海幹校戦略研究』をホームページで公開しているのは評価に値する。

秘

統幕運２第６１号（２４．３．３０）別冊

統幕運２秘第２４－４号	
２９枚つづり（秘６枚、注意２３枚）	
３年保存（2015年３月31日まで保存）破棄をもって秘指定解除	

平成２４年度統合訓練計画

平成２４年３月３０日

統　合　幕　僚　監　部

本文書中の秘密の部分については、下線により明示する。

分類番号：Ｓ０－Ｓ０２
保存期間：３年
保存期間満了日：２７．３．３１

秘

情報公開法によって著者が入手した資料

自衛隊情報保全隊とは何をする部隊ですか？

A

自衛隊の「公安」のような組織である。ただし、強制捜査権はないから、公安警察よりも公安調査庁に近い。とはいうものの、情報保全隊の調査能力は公安調査庁よりかなり低い。

情報保全隊の前身は調査隊という。海上自衛官によるロシア駐在武官への秘密漏洩事件（2000年9月）を契機に、2003年、調査隊が情報保全隊に改編された。

防衛庁は「平成14年度　政策報告書（事前の評価）」という報告書で、情報保全隊の新編に関する自己評価を公表している。これをもとに情報保全隊の任務を紹介する。

第1の任務は「自衛隊に対する外部からの働き掛け等から部隊等を保全するために必要な資料及び情報の収集整理等」だ。一言でいえば、反自衛隊勢力の監視である。「保全」は保護と同じ意味だ。

第2の任務は「(防衛庁)職員と各国駐在武官等との接触状況（交流状況や職員に対する不自然なアプローチの状況）に係る資料及び情報の収集整理等」だ。駐在武官とは、軍事情報収集のために大使館へ派遣されている軍人をさす。公然たるスパイだ。つまり、情報保全隊は、中国やロシアなどの駐在武官とひそかに接触している防衛庁職員がいないか

Q39

どうか、調査しているわけだ。

　第3の任務は「部隊等の長による職員の身上把握の支援」だ。「身上把握」とは、適性評価・身元調査と同じ意味だ。第4の任務は「庁秘（引用者注：現在は省秘という）又は防衛秘密の関係職員の指定に当たって、当該職員が秘密の取り扱いに相応しい職員であることの確認の支援」だ。

　第3と第4の任務をみればわかるように、自衛隊では昔から自衛隊員に対する適性評価を実施している。特定秘密保護法が施行されるから、適性評価が開始されるのではない。

　第5の任務は「立入禁止場所への立入申請者に対する立入許可に当たって、秘密保全上支障がないことの確認の支援」だ。第6の任務は「政府機関以外の者に対する庁秘又は防衛秘密に属する物件等の制作等の委託に当たって、秘密保全上支障がないことの確認の支援」だ。これは防衛関連企業の従業員に対する適性評価をさす。第7の任務は「各種の自衛隊施設に係る施設保全業務の支援」だ。自衛隊の施設に盗聴器が仕掛けられていないか、といった点を調査する。

特定秘密保護法の施行と、報道の自由、言論の自由についてどう考えますか？

A

特定秘密保護法は特定秘密の漏洩を取り締まる法律で、言論弾圧を目的とした法律ではないとされている。「法令違反又は著しく不当な方法」によって特定秘密を入手した場合を除き、「出版又は報道の業務に従事する者」が逮捕されることはない。ただし、「著しく不当な方法」とは何か、という点はあいまいだ。

特定秘密保護法第二十二条（この法律の解釈適用）は、「国民の知る権利の保障に資する報道又は取材の自由に十分に配慮しなければならない」、「出版又は報道の業務に従事する者の取材行為については、専ら公益を図る目的を有し、かつ、法令違反又は著しく不当な方法によるものと認められない限りは、これを正当な業務による行為とするものとする」と規定している。

その一方で、特定秘密保護法第二十四条（罰則）は、「外国の利益若しくは自己の不正な利益を図り、又は我が国の安全若しくは国民の生命若しくは身体を害すべき用途に供する目的で、人を欺き、人に暴行を加え、若しくは人を脅迫する行為により、又は財物の窃取若しくは損壊、施設への侵入、有線電気通信の傍受、不正アクセス行為その他の特定秘密を保有する者の管理を害する行為により、特定秘密を取得した者は、

Q40

十年以下の懲役に処し、又は情状により十年以下の懲役及び千万円以下の罰金に処する」と規定している。

特定秘密取扱有資格者だけでなく、外部の者も罰則の対象になる。ジャーナリストも、脅迫、窃盗のような手段によって特定秘密を入手した場合は罪に問われる。では、取材の方法として許される範囲はどこまでなのだろうか。この点に関して、外務省秘密漏洩事件（西山事件）の最高裁判決（1978年5月31日）は次のように述べている。

「取材の手段・方法が贈賄、脅迫、強要等の一般の刑罰法令に触れる行為を伴う場合は勿論、その手段・方法が一般の刑罰法令に触れないものであっても、取材対象者の個人としての人格の尊厳を著しく蹂躙する等法秩序全体の精神に照らし社会観念上是認することのできない態様のものである場合にも、正当な取材の範囲を逸脱し違法性を帯びる」

西山記者は男女関係にあった外務省職員から秘密情報を入手した。このような手段は「不当な方法」にあたるというわけだ。ただし、特定秘密保護法施行によって、「不当な方法」の範囲が広がるわけではない。

特定秘密保護法の有無にかかわらず、報道の自由や言論の自由は与えられるものではなく、たゆまざる日々の努力によって勝ち取るものである。

コラム――10

軍事を研究しない平和学は有効か

日本に平和学が誕生してから30年以上経つ。今ではほとんどの大学に平和学の講座があるようだ。ただ、平和学は法学、政治学、経済学のような独立した専門領域とはいいがたい。平和学を専門に教えている教員はほとんどいないようだ。国際政治学、国際人権法、歴史学、地域研究などを専門とする人が、平和学の講義も担当しているのが実態だ。

平和学の研究対象としては、「構造的暴力」のような理念や人権問題が多いようだ。戦争のない状態が必ずしも平和とは言えないが、平和の正反対が戦争であることは間違いない。戦争の主役は軍隊である。したがって、平和学と称するならば、まず戦争と軍隊を研究すべきだろう。

たしかに、歴史としての戦争を研究している人は多い。現代史研究＝戦史研究といっても過言ではないほどだ。しかし、その研究の多くは戦争期の政治史や外交史である。具体的な作戦や軍隊の編成、装備などについて、くわしく書かれている著作はきわめて少ない。

地域紛争について研究している地域研究者は少なくないが、紛争地域の政治、社会情勢が中心で、軍事作戦を詳細に解明している例はほとんどない。

現代の戦争と軍隊を研究している平和学の研究者は、日本の大学には皆無と言っても過言ではないだろう。日本の大学には軍事学は存在しないのである。たとえ軍事に関心のある人がいても、それではメシが食えないから他の分野に流れていく。

世界各地の軍事情勢、主要国の防衛政策、主要国の軍隊の編成・作戦・装備、在外米軍基地の実態なども研究しないと、平和学は世論に影響力を持たないのではないか。

資料

日本国憲法改正草案（抜粋）

２０１２年４月27日　自由民主党

（平和主義）

第九条　日本国民は、正義と秩序を基調とする国際平和を誠実に希求し、国権の発動としての戦争を放棄し、武力による威嚇及び武力の行使は、国際紛争を解決する手段としては用いない。

２　前項の規定は、自衛権の発動を妨げるものではない。

（国防軍）

第九条の二　我が国の平和と独立並びに国及び国民の安全を確保するため、内閣総理大臣を最高指揮官とする国防軍を保持する。

２　国防軍は、前項の規定による任務を遂行する際は、法律の定めるところにより、国会の承認その他の統制に服する。

３　国防軍は、第一項に規定する任務を遂行するための活動のほか、法律の定めるところにより、国際社会の平和と安全を確保するために国際的に協調して行われる活動及び公の秩序を維持し、又は国民の生命若しくは自由を守るための活動を行うことができる。

４　前二項に定めるもののほか、国防軍の組織、統制及び機密の保持に関する事項は、法律で定める。

５　国防軍に属する軍人その他の公務員がその職務の実施に伴う罪又は国防軍の機密に関する罪を犯した場合の裁判を行うため、法律の定めるところにより、国防軍に審判所を置く。この場合においては、被告人が裁判所へ上訴する権利は、保障されなければならない。

（内閣の構成及び国会に対する責任）

第六十六条　内閣は、法律の定めるところにより、その首長である内閣総理大臣及びその他の国務大臣で構成する。

２　内閣総理大臣及び全ての国務大臣は、現役の軍人であってはならない。

３　内閣は、行政権の行使について、国会に対し連帯して責任を負う。

（内閣総理大臣の職務）

第七十二条　内閣総理大臣は、行政各部を指揮監督し、その総合調整を行う。

２　内閣総理大臣は、内閣を代表して、議案を国会に提出し、並びに一般国務及び外交関係について国会に報告する。

3　内閣総理大臣は、最高指揮官として、国防軍を統括する。

（裁判所と司法権）

第七十六条　全て司法権は、最高裁判所及び法律の定めるところにより設置する下級裁判所に属する。

2　特別裁判所は、設置することができない。行政機関は、最終的な上訴審として裁判を行うことができない。

3　全て裁判官は、その良心に従い独立してその職権を行い、この憲法及び法律にのみ拘束される。

（緊急事態の宣言）

第九十八条　内閣総理大臣は、我が国に対する外部からの武力攻撃、内乱等による社会秩序の混乱、地震等による大規模な自然災害その他の法律で定める緊急事態において、特に必要があると認めるときは、法律の定めるところにより、閣議にかけて、緊急事態の宣言を発することができる。

2　緊急事態の宣言は、法律の定めるところにより、事前又は事後に国会の承認を得なければならない。

3　内閣総理大臣は、前項の場合において不承認の議決があったとき、国会が緊急事態の宣言を解除すべき旨を議決したとき、又は事態の推移により当該宣言を継続する必要がないと認めるときは、法律の定めるところにより、閣議にかけて、当該宣言を速やかに解除しなければならない。また、百日を超えて緊急事態の宣言を継続しようとするときは、百日を超えるごとに、事前に国会の承認を得なければならない。

4　第二項及び前項後段の国会の承認については、第六十条第二項の規定を準用する。この場合において、同項中「三十日以内」とあるのは、「五日以内」と読み替えるものとする。

（緊急事態の宣言の効果）

第九十九条　緊急事態の宣言が発せられたときは、法律の定めるところにより、内閣は法律と同一の効力を有する政令を制定することができるほか、内閣総理大臣は財政上必要な支出その他の処分を行い、地方自治体の長に対して必要な指示をすることができる。

2　前項の政令の制定及び処分については、法律の定めるところにより、事後に国会の承認を得なければならない。

3　緊急事態の宣言が発せられた場合には、何人も、法律の定めるところにより、当該宣言に係る事態において国民の生命、身体及び財産を守るために行われる措置に関して発せられる国その他公の機関の指示に従わなければならない。この場合においても、第十四条、第十八条、第十九条、第二十一条その他の基本的人権に関する規定は、最大限に尊重されなければならない。

4　緊急事態の宣言が発せられた場合においては、法律の定めるところにより、その宣言が効力を有する期間、衆議院は解散されないものとし、両議院の議員の任期及びその選挙期日の特例を設けることができる。

第十章　改正

第百条　この憲法の改正は、衆議院又は参議院の議員の発議により、両議院のそれぞれの総議員の過半数の賛成で国会が議決し、国民に提案してその承認を得なければならない。この承認には、法律の定めるところにより行われる国民の投票において有効投票の過半数の賛成を必要とする。

2　憲法改正について前項の承認を経たときは、天皇は、直ちに憲法改正を公布する。

国家安全保障基本法案（概要）

平成24年7月4日

第1条（本法の目的）
　本法は、我が国の安全保障に関し、その政策の基本となる事項を定め、国及び地方公共団体の責務と施策とを明らかにすることにより、安全保障政策を総合的に推進し、もって我が国の独立と平和を守り、国の安全を保ち、国際社会の平和と安定を図ることをその目的とする。

第2条（安全保障の目的、基本方針）
　安全保障の目的は、外部からの軍事的または非軍事的手段による直接または間接の侵害その他のあらゆる脅威に対し、防衛、外交、経済その他の諸施策を総合して、これを未然に防止しまたは排除することにより、自由と民主主義を基調とする我が国の独立と平和を守り、国益を確保することにある。
2　前項の目的を達成するため、次に掲げる事項を基本方針とする。
　一　国際協調を図り、国際連合憲章の目的の達成のため、我が国として積極的に寄与すること。
　二　政府は、内政を安定させ、安全保障基盤の確立に努めること。
　三　政府は、実効性の高い統合的な防衛力を効率的に整備するとともに、統合運用を基本とする柔軟かつ即応性の高い運用に努めること。
　四　国際連合憲章に定められた自衛権の行使については、必要最小限度とすること。

第3条（国及び地方公共団体の責務）
　国は、第2条に定める基本方針に則り、安全保障に関する施策を総合的に策定し実施する責務を負う。
2　国は、教育、科学技術、建設、運輸、通信その他内政の各分野において、安全保障上必要な配慮を払わなければならない。
3　国は、我が国の平和と安全を確保する上で必要な秘密が適切に保護されるよう、法律上・制度上必要な措置を講ずる。
4　地方公共団体は、国及び他の地方公共団体その他の機関と相互に協力し、安全保障に関する施策に関し、必要な措置を実施する責務を負う。
5　国及び地方公共団体は、本法の目的の達成のため、政治・経済及び社会の発展を図るべく、必要な内政の諸施策を講じなければならない。

6　国及び地方公共団体は、広報活動を通じ、安全保障に関する国民の理解を深めるため、適切な施策を講じる。

第4条（国民の責務）

国民は、国の安全保障施策に協力し、我が国の安全保障の確保に寄与し、もって平和で安定した国際社会の実現に努めるものとする。

第5条（法制上の措置等）

政府は、本法に定める施策を総合的に実施するために必要な法制上及び財政上の措置を講じなければならない。

第6条（安全保障基本計画）

政府は、安全保障に関する施策の総合的かつ計画的な推進を図るため、国の安全保障に関する基本的な計画（以下「安全保障基本計画」という。）を定めなければならない。

2　安全保障基本計画は、次に掲げる事項について定めるものとする。

一　我が国の安全保障に関する総合的かつ長期的な施策の大綱

二　前号に掲げるもののほか、安全保障に関する施策を総合的かつ計画的に推進するために必要な事項

3　内閣総理大臣は、前項の規定による閣議の決定があったときは、遅滞なく、安全保障基本計画を公表しなければならない。

4　前項の規定は、安全保障基本計画の変更について準用する。

別途、安全保障会議設置法改正によって、

・安全保障会議が安全保障基本計画の案を作成し、閣議決定を求めるべきこと

・安全保障会議が、防衛、外交、経済その他の諸施策を総合するため、各省の施策を調整する役割を担うことを規定。

第7条（国会に対する報告）

政府は、毎年国会に対し、我が国をとりまく安全保障環境の現状及び我が国が安全保障に関して講じた施策の概況、ならびに今後の防衛計画に関する報告を提出しなければならない。

第8条（自衛隊）

外部からの軍事的手段による直接または間接の侵害そ

の他の脅威に対し我が国を防衛するため、陸上・海上・航空自衛隊を保有する。
2　自衛隊は、国際の法規及び確立された国際慣例に則り、厳格な文民統制の下に行動する。
3　自衛隊は、第一項に規定するもののほか、必要に応じ公共の秩序の維持に当たるとともに、同項の任務の遂行に支障を生じない限度において、別に法律で定めるところにより自衛隊が実施することとされる任務を行う。
4　自衛隊に対する文民統制を確保するため、次の事項を定める。
一　自衛隊の最高指揮官たる内閣総理大臣、及び防衛大臣は国民から選ばれた文民とすること。
二　その他自衛隊の行動等に対する国会の関与につき別に法律で定めること。

第9条　（国際の平和と安定の確保）
政府は、国際社会の政治的・社会的安定及び経済的発展を図り、もって平和で安定した国際環境を確保するため、以下の施策を推進する。
一　国際協調を図り、国際の平和及び安全の維持に係る国際社会の取組に我が国として主体的かつ積極的に寄与すること。
二　締結した条約を誠実に遵守し、関連する国内法を整備し、地域及び世界の平和と安定のための信頼醸成に努めること。
三　開発途上国の安定と発展を図るため、開発援助を推進すること。なおこの実施に当たっては、援助対象国の軍事支出、兵器拡散等の動向に十分配慮すること。
四　国際社会の安定を保ちつつ、世界全体の核兵器を含む軍備の縮小に向け努力し、適切な軍備管理のため積極的に活動すること。
五　我が国と諸国との安全保障対話、防衛協力・防衛交流等を積極的に推進すること。

第10条　（国際連合憲章に定められた自衛権の行使）
第2条第2項第4号の基本方針に基づき、我が国が自衛権を行使する場合には、以下の事項を遵守しなければならない。
一　我が国、あるいは我が国と密接な関係にある他国に対する、外部からの武力攻撃が発生した事態であること。
二　自衛権行使に当たって採った措置を、直ちに国際連合安全保障理事会に報告すること。
三　この措置は、国際連合安全保障理事会が国際の平和及び安全の維持に必要な措置が講じられたときに終了すること。

四　一号に定める「我が国と密接な関係にある他国」に対する武力攻撃については、その国に対する攻撃が我が国に対する攻撃とみなしうるに足る関係性があること。

五　一号に定める「我が国と密接な関係にある他国」に対する武力攻撃については、当該被害国から我が国の支援についての要請があること。

六　自衛権行使は、我が国の安全を守るため必要やむを得ない限度とし、かつ当該武力攻撃との均衡を失しないこと。

2　前項の権利の行使は、国会の適切な関与等、厳格な文民統制のもとに行われなければならない。

別途、武力攻撃事態法と対になるような「集団自衛事態法」（仮称）、及び自衛隊法における「集団自衛出動」（仮称）的任務規定、武器使用権限に関する規定が必要。

当該下位法において、集団的自衛権行使については原則として事前の国会承認を必要とする旨を規定。

第11条　（国際連合憲章上定められた安全保障措置等への参加）

我が国が国際連合憲章上定められ、又は国際連合安全保障理事会で決議された等の、各種の安全保障措置等に参加する場合には、以下の事項に留意しなければならない。

一　当該安全保障措置等の目的が我が国の防衛、外交、経済その他の諸政策と合致すること。

二　予め当該安全保障措置等の実施主体との十分な調整、派遣する国及び地域の情勢についての十分な情報収集等を行い、我が国が実施する措置の目的・任務を明確にすること。

本条の下位法として国際平和協力法案（いわゆる一般法）を予定。

第12条　（武器の輸出入等）

国は、我が国及び国際社会の平和と安全を確保するとの観点から、防衛に資する産業基盤の保持及び育成につき配慮する。

2　武器及びその技術等の輸出入は、我が国及び国際社会の平和と安全を確保するとの目的に資するよう行われなければならない。特に武器及びその技術等の輸出に当たっては、国は、国際紛争等を助長することのないよう十分に配慮しなければならない。

特定秘密の保護に関する法律

目次

第一章　総則

（目的）

第一条　この法律は、国際情勢の複雑化に伴い我が国及び国民の安全の確保に係る情報の重要性が増大するとともに、高度情報通信ネットワーク社会の発展に伴いその漏えいの危険性が懸念される中で、我が国の安全保障（国の存立に関わる外部からの侵略等に対して国家及び国民の安全を保障することをいう。以下同じ。）に関する情報のうち特に秘匿することが必要であるものについて、これを適確に保護する体制を確立した上で収集し、整理し、及び活用することが重要であることに鑑み、当該情報の保護に関し、特定秘密の指定及び取扱者の制限その他の必要な事項を定めることにより、その漏えいの防止を図り、もって我が国及び国民の安全の確保に資することを目的とする。

（定義）

第二条　この法律において「行政機関」とは、次に掲げる機関をいう。

一　法律の規定に基づき内閣に置かれる機関（内閣府を除く。）及び内閣の所轄の下に置かれる機関

二　内閣府、宮内庁並びに内閣府設置法（平成十一年法律第八十九号）第四十九条第一項及び第二項に規定する機関（これらの機関のうち、国家公安委員会にあっては警察庁を、第四号の政令で定める機関が置かれる機関にあっては当該政令で定める機関を除く。）

三　国家行政組織法（昭和二十三年法律第百二十号）第三条第二項に規定する機関（第五号の政令で定める機関が置かれる機関にあっては、当該政令で定める機関を除く。）

四　内閣府設置法第三十九条及び第五十五条並びに宮内庁法（昭和二十二年法律第七十号）第十六条第二項の機関並びに内閣府設置法第四十条及び第五十六条（宮内庁法第十八条第一項において準用する場合を含む。）の特別の機関で、警察庁その他政令で定めるもの

五　国家行政組織法第八条の二の施設等機関及び同法第八条の三の特別の機関で、政令で定めるもの

六　会計検査院

第二章　特定秘密の指定等

（特定秘密の指定）

第三条　行政機関の長（当該行政機関が合議制の機関である場合にあっては当該行政機関をいい、前条第四号及び第五号の政令で定める機関（合議制の機関を除く。）にあってはその機関ごとに政令で定める者をいう。第十一条第一号を除き、以下同じ。）は、当該行政機関の所掌事務に係る別表に掲げる事項に関する情報であって、公になっていないもののうち、その漏えいが我が国の安全保障に著しい支障を与えるおそれがあるため、特に秘匿することが必要であるもの（日米相互防衛援助協定等に伴う秘密保護法（昭和二十九年法律第百六十六号）第一条第三項に規定する特別防衛秘密に該当するものを除く。）を特定秘密として指定するものとする。ただし、内閣総理大臣が第十八条第二項に規定する者の意見を聴いて政令で定める行政機関の長については、この限りでない。

2　行政機関の長は、前項の規定による指定（附則第五条を除き、以下単に「指定」という。）をしたときは、政令で定めるところにより指定に関する記録を作成するとともに、当該指定に係る特定秘密の範囲を明らかにするため、特定秘密である情報について、次の各号のいずれかに掲げる措置を講ずるものとする。

一　政令で定めるところにより、特定秘密である情報を記録する文書、図画、電磁的記録（電子的方式、磁気的方式その他人の知覚によっては認識することができない方式で作られる記録をいう。以下この号において同じ。）若しくは物件又は当該情報を化体する物件に特定秘密の表示（電磁的記録にあっては、当該表示の記録を含む。）をすること。

二　特定秘密である情報の性質上前号に掲げる措置によることが困難である場合において、政令で定めるところにより、当該情報が前項の規定の適用を受け

る旨を当該情報を取り扱う者に通知すること。

3　行政機関の長は、特定秘密である情報について前項第二号に掲げる措置を講じた場合において、当該情報について同項第一号に掲げる措置を講ずることができることとなったときは、直ちに当該措置を講ずるものとする。

（指定の有効期間及び解除）

第四条　行政機関の長は、指定をするときは、当該指定の日から起算して五年を超えない範囲内においてその有効期間を定めるものとする。

2　行政機関の長は、指定の有効期間（この項の規定により延長した有効期間を含む。）が満了する時において、当該指定をした情報が前条第一項に規定する要件を満たすときは、政令で定めるところにより、五年を超えない範囲内においてその有効期間を延長するものとする。

3　指定の有効期間は、通じて三十年を超えることができない。

4　前項の規定にかかわらず、政府の有するその諸活動を国民に説明する責務を全うする観点に立っても、なお指定に係る情報を公にしないことが現に我が国及び国民の安全を確保するためにやむを得ないものであることについて、その理由を示して、内閣の承認を得た場合（行政機関が会計検査院であるときを除く。）は、行政機関の長は、当該指定の有効期間を、通じて三十年を超えて延長することができる。ただし、次の各号に掲げる事項に関する情報を除き、指定の有効期間は、通じて六十年を超えることができない。

一　武器、弾薬、航空機その他の防衛の用に供する物（船舶を含む。別表第一号において同じ。）

二　現に行われている外国（本邦の域外にある国又は地域をいう。以下同じ。）の政府又は国際機関との交渉に不利益を及ぼすおそれのある情報

三　情報収集活動の手法又は能力

四　人的情報源に関する情報

五　暗号

六　外国の政府又は国際機関から六十年を超えて指定を行うことを条件に提供された情報

七　前各号に掲げる事項に関する情報に準ずるもので政令で定める重要な情報

5　行政機関の長は、前項の内閣の承認を得ようとする場合においては、当該指定に係る特定秘密の保護に関し必要なものとして政令で定める措置を講じた上で、

内閣に当該特定秘密を提示することができる。
6　行政機関の長は、第四項の内閣の承認が得られなかったときは、公文書等の管理に関する法律（平成二十一年法律第六十六号）第八条第一項の規定にかかわらず、当該指定に係る情報が記録された行政文書ファイル等（同法第五条第五項に規定する行政文書ファイル等をいう。）の保存期間の満了とともに、これを国立公文書館等（同法第二条第三項に規定する国立公文書館等をいう。）に移管しなければならない。
7　行政機関の長は、指定をした情報が前条第一項に規定する要件を欠くに至ったときは、有効期間内であっても、政令で定めるところにより、速やかにその指定を解除するものとする。

（特定秘密の保護措置）
第五条　行政機関の長は、指定をしたときは、第三条第二項に規定する措置のほか、第十一条の規定により特定秘密の取扱いの業務を行うことができることとされる者のうちから、当該行政機関において当該指定に係る特定秘密の取扱いの業務を行わせる職員の範囲を定めることその他の当該特定秘密の保護に関し必要なものとして政令で定める措置を講ずるものとする。
2　警察庁長官は、指定をした場合において、当該指定に係る特定秘密（第七条第一項の規定により提供するものを除く。）で都道府県警察が保有するものがあるときは、当該都道府県警察に対し当該指定をした旨を通知するものとする。
3　前項の場合において、警察庁長官は、都道府県警察が保有する特定秘密の取扱いの業務を行わせる職員の範囲その他の当該都道府県警察による当該特定秘密の保護に関し必要なものとして政令で定める事項について、当該都道府県警察に指示するものとする。この場合において、当該都道府県警察の警視総監又は道府県警察本部長（以下「警察本部長」という。）は、当該指示に従い、当該特定秘密の適切な保護のために必要な措置を講じ、及びその職員に当該特定秘密の取扱いの業務を行わせるものとする。
4　行政機関の長は、指定をした場合において、その所掌事務のうち別表に掲げる事項に係るものを遂行するために特段の必要があると認めたときは、物件の製造又は役務の提供を業とする者で、特定秘密の保護のために必要な施設設備を設置していることその他政令で定める基準に適合するもの（以下「適合事業者」という。）との契約に基づき、当該適合事業者に対し、当該指定をした旨を通知した上で、当該指定に係る特定秘密（第八条第一項の規定により提供するものを除く。）を保有させることができる。

5　前項の契約には、第十一条の規定により特定秘密の取扱いの業務を行うことができることとされる者のうちから、同項の規定により特定秘密を保有する適合事業者が指名して当該特定秘密の取扱いの業務を行わせる代表者、代理人、使用人その他の従業者（以下単に「従業者」という。）の範囲その他の当該適合事業者による当該特定秘密の保護に関し必要なものとして政令で定める事項について定めるものとする。

6　第四項の規定により特定秘密を保有する適合事業者は、同項の契約に従い、当該特定秘密の適切な保護のために必要な措置を講じ、及びその従業者に当該特定秘密の取扱いの業務を行わせるものとする。

第三章　特定秘密の提供

（我が国の安全保障上の必要による特定秘密の提供）

第六条　特定秘密を保有する行政機関の長は、他の行政機関が我が国の安全保障に関する事務のうち別表に掲げる事項に係るものを遂行するために当該特定秘密を利用する必要があると認めたときは、当該他の行政機関に当該特定秘密を提供することができる。ただし、当該特定秘密を保有する行政機関以外の行政機関の長が当該特定秘密について指定をしているとき（当該特定秘密が、この項の規定により当該保有する行政機関の長から提供されたものである場合を除く。）は、当該指定をしている行政機関の長の同意を得なければならない。

2　前項の規定により他の行政機関に特定秘密を提供する行政機関の長は、当該特定秘密の取扱いの業務を行わせる職員の範囲その他の当該他の行政機関による当該特定秘密の保護に関し必要なものとして政令で定める事項について、あらかじめ、当該他の行政機関の長と協議するものとする。

3　第一項の規定により特定秘密の提供を受ける他の行政機関の長は、前項の規定による協議に従い、当該特定秘密の適切な保護のために必要な措置を講じ、及びその職員に当該特定秘密の取扱いの業務を行わせるものとする。

第七条　警察庁長官は、警察庁が保有する特定秘密について、その所掌事務のうち別表に掲げる事項に係るものを遂行するために都道府県警察にこれを利用させる必要があると認めたときは、当該都道府県警察に当該特定秘密を提供することができる。

2　前項の規定により都道府県警察に特定秘密を提供する場合については、第五条第三項の規定を準用する。

3　警察庁長官は、警察本部長に対し、当該都道府県警察が保有する特定秘密で第五条第二項の規定による通知に係るものの提供を求めることができる。

第八条　特定秘密を保有する行政機関の長は、その所掌事務のうち別表に掲げる事項に係るものを遂行するために、適合事業者に当該特定秘密を利用させる特段の必要があると認めたときは、当該適合事業者との契約に基づき、当該適合事業者に当該特定秘密を提供することができる。ただし、当該特定秘密を保有する行政機関以外の行政機関の長が当該特定秘密について指定をしているとき（当該特定秘密が、第六条第一項の規定により当該保有する行政機関の長から提供されたものである場合を除く。）は、当該指定をしている行政機関の長の同意を得なければならない。

2　前項の契約については第五条第五項の規定を、前項の規定により特定秘密の提供を受ける適合事業者については同条第六項の規定を、それぞれ準用する。この場合において、同条第五項中「前項」とあるのは「第八条第一項」と、「を保有する」とあるのは「の提供を受ける」と読み替えるものとする。

3　第五条第四項の規定により適合事業者に特定秘密を保有させている行政機関の長は、同項の契約に基づき、当該適合事業者に対し、当該特定秘密の提供を求めることができる。

第九条　特定秘密を保有する行政機関の長は、その所掌事務のうち別表に掲げる事項に係るものを遂行するために必要があると認めたときは、外国の政府又は国際機関であって、この法律の規定により行政機関が当該特定秘密を保護するために講ずることとされる措置に相当する措置を講じているものに当該特定秘密を提供することができる。ただし、当該特定秘密を保有する行政機関以外の行政機関の長が当該特定秘密について指定をしているとき（当該特定秘密が、第六条第一項の規定により当該保有する行政機関の長から提供されたものである場合を除く。）は、当該指定をしている行政機関の長の同意を得なければならない。

（その他公益上の必要による特定秘密の提供）

第十条　第四条第五項、第六条から前条まで及び第十八条第四項後段に規定するもののほか、行政機関の長は、次に掲げる場合に限り、特定秘密を提供するものとする。

一　特定秘密の提供を受ける者が次に掲げる業務又は公益上特に必要があると認められるこれらに準ずる業務において当該特定秘密を利用する場合（次号から第四号までに掲げる場合を除く。）であって、当該特定秘密を利用し、又は知る者の範囲を制限すること、当該業務以外に当該特定秘密が利用されないようにすることその他の当該特定秘密を利用し、又は知る者がこれを保護するために必要なものとして、イに掲げる業務にあっては附則第十条の規定に基づいて国会において定める措置、イに掲げる業務以外の業務にあっては政令で定める措置を講じ、かつ、我が国の安全保障に著しい支障を及ぼすおそれがないと認めたとき。

イ　各議院又は各議院の委員会若しくは参議院の調査会が国会法（昭和二十二年法律第七十九号）第百四条第一項（同法第五十四条の四第一項において準用する場合を含む。）又は議院における証人の宣誓及び証言等に関する法律（昭和二十二年法律第二百二十五号）第一条の規定により行う審査又は調査であって、国会法第五十二条第二項（同法第五十四条の四第一項において準用する場合を含む。）又は第六十二条の規定により公開しないこととされたもの

ロ　刑事事件の捜査又は公訴の維持であって、刑事訴訟法（昭和二十三年法律第百三十一号）第三百十六条の二十七第一項（同条第三項及び同法第三百十六条の二十八第二項において準用する場合を含む。）の規定により裁判所に提示する場合のほか、当該捜査又は公訴の維持に必要な業務に従事する者以外の者に当該特定秘密を提供することがないと認められるもの

二　民事訴訟法（平成八年法律第百九号）第二百二十三条第六項の規定により裁判所に提示する場合

三　情報公開・個人情報保護審査会設置法（平成十五年法律第六十号）第九条第一項の規定により情報公開・個人情報保護審査会に提示する場合

四　会計検査院法（昭和二十二年法律第七十三号）第十九条の四において読み替えて準用する情報公開・個人情報保護審査会設置法第九条第一項の規定によ

り会計検査院情報公開・個人情報保護審査会に提示する場合

2　警察本部長は、第七条第三項の規定による求めに応じて警察庁に提供する場合のほか、前項第一号に掲げる場合（当該警察本部長が提供しようとする特定秘密が同号ロに掲げる業務において利用するものとして提供を受けたものである場合以外の場合にあっては、同号に規定する我が国の安全保障に著しい支障を及ぼすおそれがないと認めることについて、警察庁長官の同意を得た場合に限る。）、同項第二号に掲げる場合又は都道府県の保有する情報の公開を請求する住民等の権利について定める当該都道府県の条例（当該条例の規定による諮問に応じて審議を行う都道府県の機関の設置について定める都道府県の条例を含む。）の規定で情報公開・個人情報保護審査会設置法第九条第一項の規定に相当するものにより当該機関に提示する場合に限り、特定秘密を提供することができる。

3　適合事業者は、第八条第三項の規定による求めに応じて行政機関に提供する場合のほか、第一項第一号に掲げる場合（同号に規定する我が国の安全保障に著しい支障を及ぼすおそれがないと認めることについて、当該適合事業者が提供しようとする特定秘密について指定をした行政機関の長の同意を得た場合に限る。）又は同項第二号若しくは第三号に掲げる場合に限り、特定秘密を提供することができる。

第四章　特定秘密の取扱者の制限

第十一条　特定秘密の取扱いの業務は、当該業務を行わせる行政機関の長若しくは当該業務を行わせる適合事業者に当該特定秘密を保有させ、若しくは提供する行政機関の長又は当該業務を行わせる警察本部長が直近に実施した次条第一項又は第十五条第一項の適性評価（第十三条第一項（第十五条第二項において準用する場合を含む。）の規定による通知があった日から五年を経過していないものに限る。）において特定秘密の取扱いの業務を行った場合にこれを漏らすおそれがないと認められた者（次条第一項第三号又は第十五条第一項第三号に掲げる者として次条第三項又は第十五条第二項において読み替えて準用する次条第三項の規定による告知があった者を除く。）でなければ、行ってはならない。ただし、次に掲げる者については、次条第一項又は第十五条第一項の適性評価を受けることを要しない。

一　行政機関の長
二　国務大臣（前号に掲げる者を除く。）
三　内閣官房副長官
四　内閣総理大臣補佐官
五　副大臣
六　大臣政務官
七　前各号に掲げるもののほか、職務の特性その他の事情を勘案し、次条第一項又は第十五条第一項の適性評価を受けることなく特定秘密の取扱いの業務を行うことができるものとして政令で定める者

第五章　適性評価

（行政機関の長による適性評価の実施）
第十二条　行政機関の長は、政令で定めるところにより、次に掲げる者について、その者が特定秘密の取扱いの業務を行った場合にこれを漏らすおそれがないことについての評価（以下「適性評価」という。）を実施するものとする。
一　当該行政機関の職員（当該行政機関が警察庁である場合にあっては、警察本部長を含む。次号において同じ。）又は当該行政機関との第五条第四項若しくは第八条第一項の契約（次号において単に「契約」という。）に基づき特定秘密を保有し、若しくは特定秘密の提供を受ける適合事業者の従業者として特定秘密の取扱いの業務を新たに行うことが見込まれることとなった者（当該行政機関の長がその者について直近に実施して次条第一項の規定による通知をした日から五年を経過していない適性評価において、特定秘密の取扱いの業務を行った場合にこれを漏らすおそれがないと認められた者であって、引き続き当該おそれがないと認められるものを除く。）
二　当該行政機関の職員又は当該行政機関との契約に基づき特定秘密を保有し、若しくは特定秘密の提供を受ける適合事業者の従業者として、特定秘密の取扱いの業務を現に行い、かつ、当該行政機関の長がその者について直近に実施した適性評価に係る次条第一項の規定による通知があった日から五年を経過した日以後特定秘密の取扱いの業務を引き続き行うことが見込まれる者
三　当該行政機関の長が直近に実施した適性評価において特定秘密の取扱いの業務を行った場合にこれを漏らすおそれがないと認められた者であって、引き続き当該おそれがないと認めることについて疑いを

生じさせる事情があるもの

2　適性評価は、適性評価の対象となる者（以下「評価対象者」という。）について、次に掲げる事項についての調査を行い、その結果に基づき実施するものとする。

一　特定有害活動（公になっていない情報のうちその漏えいが我が国の安全保障に支障を与えるおそれがあるものを取得するための活動、核兵器、軍用の化学製剤若しくは細菌製剤若しくはこれらの散布のための装置若しくはこれらを運搬することができるロケット若しくは無人航空機又はこれらの開発、製造、使用若しくは貯蔵のために用いられるおそれが特に大きいと認められる物を輸出し、又は輸入するための活動その他の活動であって、外国の利益を図る目的で行われ、かつ、我が国及び国民の安全を著しく害し、又は害するおそれのあるものをいう。別表第三号において同じ。）及びテロリズム（政治上その他の主義主張に基づき、国家若しくは他人にこれを強要し、又は社会に不安若しくは恐怖を与える目的で人を殺傷し、又は重要な施設その他の物を破壊するための活動をいう。同表第四号において同じ。）との関係に関する事項（評価対象者の家族（配偶者（婚姻の届出をしていないが、事実上婚姻関係と同様の事情にある者を含む。以下この号において同じ。）、父母、子及び兄弟姉妹並びにこれらの者以外の配偶者の父母及び子をいう。以下この号において同じ。）及び同居人（家族を除く。）の氏名、生年月日、国籍（過去に有していた国籍を含む。）及び住所を含む。）

二　犯罪及び懲戒の経歴に関する事項

三　情報の取扱いに係る非違の経歴に関する事項

四　薬物の濫用及び影響に関する事項

五　精神疾患に関する事項

六　飲酒についての節度に関する事項

七　信用状態その他の経済的な状況に関する事項

3　適性評価は、あらかじめ、政令で定めるところにより、次に掲げる事項を評価対象者に対し告知した上で、その同意を得て実施するものとする。

一　前項各号に掲げる事項について調査を行う旨

二　前項の調査を行うため必要な範囲内において、次項の規定により質問させ、若しくは資料の提出を求めさせ、又は照会して報告を求めることがある旨

三　評価対象者が第一項第三号に掲げる者であるときは、その旨

4　行政機関の長は、第二項の調査を行うため必要な範囲内において、当該行政機関の職員に評価対象者若しくは評価対象者の知人その他の関係者に質問させ、若しくは評価対象者に対し資料の提出を求めさせ、又は公務所若しくは公私の団体に照会して必要な事項の報告を求めることができる。

（適性評価の結果等の通知）

第十三条　行政機関の長は、適性評価を実施したときは、その結果を評価対象者に対し通知するものとする。

2　行政機関の長は、適合事業者の従業者について適性評価を実施したときはその結果を、当該従業者が前条第三項の同意をしなかったことにより適性評価が実施されなかったときはその旨を、それぞれ当該適合事業者に対し通知するものとする。

3　前項の規定による通知を受けた適合事業者は、当該評価対象者が当該適合事業者の指揮命令の下に労働する派遣労働者（労働者派遣事業の適正な運営の確保及び派遣労働者の保護等に関する法律（昭和六十年法律第八十八号）第二条第二号に規定する派遣労働者をいう。第十六条第二項において同じ。）であるときは、当該通知の内容を当該評価対象者を雇用する事業主に対し通知するものとする。

4　行政機関の長は、第一項の規定により評価対象者に対し特定秘密の取扱いの業務を行った場合にこれを漏らすおそれがないと認められなかった旨を通知するときは、適性評価の円滑な実施の確保を妨げない範囲内において、当該おそれがないと認められなかった理由を通知するものとする。ただし、当該評価対象者があらかじめ当該理由の通知を希望しない旨を申し出た場合は、この限りでない。

（行政機関の長に対する苦情の申出等）

第十四条　評価対象者は、前条第一項の規定により通知された適性評価の結果その他当該評価対象者について実施された適性評価について、書面で、行政機関の長に対し、苦情の申出をすることができる。

2　行政機関の長は、前項の苦情の申出を受けたときは、これを誠実に処理し、処理の結果を苦情の申出をした者に通知するものとする。

3　評価対象者は、第一項の苦情の申出をしたことを理由として、不利益な取扱いを受けない。

（警察本部長による適性評価の実施等）

第十五条　警察本部長は、政令で定めるところにより、次に掲げる者について、適性評価を実施するものとする。
一　当該都道府県警察の職員（警察本部長を除く。次号において同じ。）として特定秘密の取扱いの業務を新たに行うことが見込まれることとなった者（当該警察本部長がその者について直近に実施して次項において準用する第十三条第一項の規定による通知をした日から五年を経過していない適性評価において、特定秘密の取扱いの業務を行った場合にこれを漏らすおそれがないと認められた者であって、引き続き当該おそれがないと認められるものを除く。）
二　当該都道府県警察の職員として、特定秘密の取扱いの業務を現に行い、かつ、当該警察本部長がその者について直近に実施した適性評価に係る次項において準用する第十三条第一項の規定による通知があった日から五年を経過した日以後特定秘密の取扱いの業務を引き続き行うことが見込まれる者
三　当該警察本部長が直近に実施した適性評価において特定秘密の取扱いの業務を行った場合にこれを漏らすおそれがないと認められた者であって、引き続き当該おそれがないと認めることについて疑いを生じさせる事情があるもの
2　前三条（第十二条第一項並びに第十三条第二項及び第三項を除く。）の規定は、前項の規定により警察本部長が実施する適性評価について準用する。この場合において、第十二条第三項第三号中「第一項第三号」とあるのは、「第十五条第一項第三号」と読み替えるものとする。

（適性評価に関する個人情報の利用及び提供の制限）
第十六条　行政機関の長及び警察本部長は、特定秘密の保護以外の目的のために、評価対象者が第十二条第三項（前条第二項において読み替えて準用する場合を含む。）の同意をしなかったこと、評価対象者についての適性評価の結果その他適性評価の実施に当たって取得する個人情報（生存する個人に関する情報であって、当該情報に含まれる氏名、生年月日その他の記述等により特定の個人を識別することができるもの（他の情報と照合することができ、それにより特定の個人を識別することができることとなるものを含む。）をいう。以下この項において同じ。）を自ら利用し、又は提供してはならない。ただし、適性評価の実施によって、当該個人情報に係る特定の個人が国家公務員法（昭和

二十二年法律第百二十号）第三十八条各号、同法第七十五条第二項に規定する人事院規則の定める事由、同法第七十八条各号、第七十九条各号若しくは第八十二条第一項各号、検察庁法（昭和二十二年法律第六十一号）第二十条各号、外務公務員法（昭和二十七年法律第四十一号）第七条第一項に規定する者、自衛隊法（昭和二十九年法律第百六十五号）第三十八条第一項各号、第四十二条各号、第四十三条各号若しくは第四十六条第一項各号、同法第四十八条第一項に規定する場合若しくは同条第二項各号若しくは第三項各号若しくは地方公務員法（昭和二十五年法律第二百六十一号）第十六条各号、第二十八条第一項各号若しくは第二項各号若しくは第二十九条第一項各号又はこれらに準ずるものとして政令で定める事由のいずれかに該当する疑いが生じたときは、この限りでない。

2　適合事業者及び適合事業者の指揮命令の下に労働する派遣労働者を雇用する事業主は、特定秘密の保護以外の目的のために、第十三条第二項又は第三項の規定により通知された内容を自ら利用し、又は提供してはならない。

（権限又は事務の委任）

第十七条　行政機関の長は、政令（内閣の所轄の下に置かれる機関及び会計検査院にあっては、当該機関の命令）で定めるところにより、この章に定める権限又は事務を当該行政機関の職員に委任することができる。

第六章　雑則

（特定秘密の指定等の運用基準等）

第十八条　政府は、特定秘密の指定及びその解除並びに適性評価の実施に関し、統一的な運用を図るための基準を定めるものとする。

2　内閣総理大臣は、前項の基準を定め、又はこれを変更しようとするときは、我が国の安全保障に関する情報の保護、行政機関等の保有する情報の公開、公文書等の管理等に関し優れた識見を有する者の意見を聴いた上で、その案を作成し、閣議の決定を求めなければならない。

3　内閣総理大臣は、毎年、第一項の基準に基づく特定秘密の指定及びその解除並びに適性評価の実施の状況を前項に規定する者に報告し、その意見を聴かなければならない。

4　内閣総理大臣は、特定秘密の指定及びその解除並びに適性評価の実施の状況に関し、その適正を確保するため、第一項の基準に基づいて、内閣を代表して行政各部を指揮監督するものとする。この場合において、内閣総理大臣は、特定秘密の指定及びその解除並びに適性評価の実施が当該基準に従って行われていることを確保するため、必要があると認めるときは、行政機関の長（会計検査院を除く。）に対し、特定秘密である情報を含む資料の提出及び説明を求め、並びに特定秘密の指定及びその解除並びに適性評価の実施について改善すべき旨の指示をすることができる。

（国会への報告等）

第十九条　政府は、毎年、前条第三項の意見を付して、特定秘密の指定及びその解除並びに適性評価の実施の状況について国会に報告するとともに、公表するものとする。

（関係行政機関の協力）

第二十条　関係行政機関の長は、特定秘密の指定、適性評価の実施その他この法律の規定により講ずることとされる措置に関し、我が国の安全保障に関する情報のうち特に秘匿することが必要であるものの漏えいを防止するため、相互に協力するものとする。

（政令への委任）

第二十一条　この法律に定めるもののほか、この法律の実施のための手続その他この法律の施行に関し必要な事項は、政令で定める。

（この法律の解釈適用）

第二十二条　この法律の適用に当たっては、これを拡張して解釈して、国民の基本的人権を不当に侵害するようなことがあってはならず、国民の知る権利の保障に資する報道又は取材の自由に十分に配慮しなければならない。

2　出版又は報道の業務に従事する者の取材行為については、専ら公益を図る目的を有し、かつ、法令違反又は著しく不当な方法によるものと認められない限りは、これを正当な業務による行為とするものとする。

第七章　罰則

第二十三条　特定秘密の取扱いの業務に従事する者がその業務により知得した特定秘密を漏らしたときは、十年以下の懲役に処し、又は情状により十年以下の懲役及び千万円以下の罰金に処する。特定秘密の取扱いの業務に従事しなくなった後においても、同様とする。
2　第四条第五項、第九条、第十条又は第十八条第四項後段の規定により提供された特定秘密について、当該提供の目的である業務により当該特定秘密を知得した者がこれを漏らしたときは、五年以下の懲役に処し、又は情状により五年以下の懲役及び五百万円以下の罰金に処する。第十条第一項第一号ロに規定する場合において提示された特定秘密について、当該特定秘密の提示を受けた者がこれを漏らしたときも、同様とする。
3　前二項の罪の未遂は、罰する。
4　過失により第一項の罪を犯した者は、二年以下の禁錮又は五十万円以下の罰金に処する。
5　過失により第二項の罪を犯した者は、一年以下の禁錮又は三十万円以下の罰金に処する。
第二十四条　外国の利益若しくは自己の不正の利益を図り、又は我が国の安全若しくは国民の生命若しくは身体を害すべき用途に供する目的で、人を欺き、人に暴行を加え、若しくは人を脅迫する行為により、又は財物の窃取若しくは損壊、施設への侵入、有線電気通信の傍受、不正アクセス行為（不正アクセス行為の禁止等に関する法律（平成十一年法律第百二十八号）第二条第四項に規定する不正アクセス行為をいう。）その他の特定秘密を保有する者の管理を害する行為により、特定秘密を取得した者は、十年以下の懲役に処し、又は情状により十年以下の懲役及び千万円以下の罰金に処する。
2　前項の罪の未遂は、罰する。
3　前二項の規定は、刑法（明治四十年法律第四十五号）その他の罰則の適用を妨げない。
第二十五条　第二十三条第一項又は前条第一項に規定する行為の遂行を共謀し、教唆し、又は煽動した者は、五年以下の懲役に処する。
2　第二十三条第二項に規定する行為の遂行を共謀し、教唆し、又は煽動した者は、三年以下の懲役に処する。
第二十六条　第二十三条第三項若しくは第二十四条第二項の罪を犯した者又は前条の罪を犯した者のうち第二十三条第一項若しくは第二項若しくは第二十四条第一項に規定する行為の遂行を共謀したものが自首したときは、その刑を減軽し、又は免除する。

第二十七条　第二十三条の罪は、日本国外において同条の罪を犯した者にも適用する。
2　第二十四条及び第二十五条の罪は、刑法第二条の例に従う。

附則

（施行期日）
第一条　この法律は、公布の日から起算して一年を超えない範囲内において政令で定める日から施行する。ただし、第十八条第一項及び第二項（変更に係る部分を除く。）並びに附則第九条及び第十条の規定は、公布の日から施行する。

（経過措置）
第二条　この法律の公布の日から起算して二年を超えない範囲内において政令で定める日の前日までの間においては、第五条第一項及び第五項（第八条第二項において読み替えて準用する場合を含む。以下この条において同じ。）の規定の適用については、第五条第一項中「第十一条の規定により特定秘密の取扱いの業務を行うことができることとされる者のうちから、当該行政機関」とあるのは「当該行政機関」と、同条第五項中「第十一条の規定により特定秘密の取扱いの業務を行うことができることとされる者のうちから、同項の」とあるのは「同項の」とし、第十一条の規定は、適用しない。

（施行後五年を経過した日の翌日以後の行政機関）
第三条　この法律の施行の日（以下「施行日」という。）から起算して五年を経過した日の翌日以後における第二条の規定の適用については、同条中「掲げる機関」とあるのは、「掲げる機関（この法律の施行の日以後同日から起算して五年を経過する日までの間、次条第一項の規定により指定された特定秘密（附則第五条の規定により防衛大臣が特定秘密として指定をした情報とみなされる場合における防衛秘密を含む。以下この条において単に「特定秘密」という。）を保有したことがない機関として政令で定めるもの（その請求に基づき、内閣総理大臣が第十八条第二項に規定する者の意見を聴いて、同日後特定秘密を保有する必要が新たに生じた機関として政令で定めるものを除く。）を除く。）」とする。

（自衛隊法の一部改正）

第四条　自衛隊法の一部を次のように改正する。

目次中「自衛隊の権限等（第八十七条―第九十六条の二）」を「自衛隊の権限（第八十七条―第九十六条）」に、「第百二十六条」を「第百二十五条」に改める。

第七章の章名を次のように改める。

　第七章　自衛隊の権限

第九十六条の二を削る。

第百二十二条を削る。

第百二十三条第一項中「一に」を「いずれかに」に、「禁こ」を「禁錮」に改め、同項第五号中「めいていして」を「酩酊《めいてい》して」に改め、同条第二項中「ほう助」を「幇《ほう》助」に、「せん動した」を「煽《せん》動した」に改め、同条を第百二十二条とする。

第百二十四条を第百二十三条とし、第百二十五条を第百二十四条とし、第百二十六条を第百二十五条とする。

別表第四を削る。

（自衛隊法の一部改正に伴う経過措置）

第五条　次条後段に規定する場合を除き、施行日の前日において前条の規定による改正前の自衛隊法（以下この条及び次条において「旧自衛隊法」という。）第九十六条の二第一項の規定により防衛大臣が防衛秘密として指定していた事項は、施行日において第三条第一項の規定により防衛大臣が特定秘密として指定をした情報と、施行日前に防衛大臣が当該防衛秘密として指定していた事項について旧自衛隊法第九十六条の二第二項第一号の規定により付した標記又は同項第二号の規定によりした通知は、施行日において防衛大臣が当該特定秘密について第三条第二項第一号の規定により付した表示又は同項第二号の規定によりした通知とみなす。この場合において、第四条第一項中「指定をするときは、当該指定の日」とあるのは、「この法律の施行の日以後遅滞なく、同日」とする。

第六条　施行日前にした行為に対する罰則の適用については、なお従前の例による。旧自衛隊法第百二十二条第一項に規定する防衛秘密を取り扱うことを業務とする者であって施行日前に防衛秘密を取り扱うことを業務としなくなったものが、その業務により知得した当該防衛秘密に関し、施行日以後にした行為についても、同様とする。

（内閣法の一部改正）
第七条　内閣法（昭和二十二年法律第五号）の一部を次のように改正する。
第十七条第二項第一号中「及び内閣広報官」を「並びに内閣広報官及び内閣情報官」に改める。
第二十条第二項中「助け、」の下に「第十二条第二項第二号から第五号までに掲げる事務のうち特定秘密（特定秘密の保護に関する法律（平成二十五年法律第号）第三条第一項に規定する特定秘密をいう。）の保護に関するもの（内閣広報官の所掌に属するものを除く。）及び」を加える。

（政令への委任）
第八条　附則第二条、第三条、第五条及び第六条に規定するもののほか、この法律の施行に関し必要な経過措置は、政令で定める。

（指定及び解除の適正の確保）
第九条　政府は、行政機関の長による特定秘密の指定及びその解除に関する基準等が真に安全保障に資するものであるかどうかを独立した公正な立場において検証し、及び監察することのできる新たな機関の設置その他の特定秘密の指定及びその解除の適正を確保するために必要な方策について検討し、その結果に基づいて所要の措置を講ずるものとする。

（国会に対する特定秘密の提供及び国会におけるその保護措置の在り方）
第十条　国会に対する特定秘密の提供については、政府は、国会が国権の最高機関であり各議院がその会議その他の手続及び内部の規律に関する規則を定める権能を有することを定める日本国憲法及びこれに基づく国会法等の精神にのっとり、この法律を運用するものとし、特定秘密の提供を受ける国会におけるその保護に関する方策については、国会において、検討を加え、その結果に基づいて必要な措置を講ずるものとする。

別表（第三条、第五条―第九条関係）
一　防衛に関する事項
イ　自衛隊の運用又はこれに関する見積り若しくは計画若しくは研究
ロ　防衛に関し収集した電波情報、画像情報その他の重要な情報
ハ　ロに掲げる情報の収集整理又はその能力

ニ　防衛力の整備に関する見積り若しくは計画又は研究
ホ　武器、弾薬、航空機その他の防衛の用に供する物の種類又は数量
ヘ　防衛の用に供する通信網の構成又は通信の方法
ト　防衛の用に供する暗号
チ　武器、弾薬、航空機その他の防衛の用に供する物又はこれらの物の研究開発段階のものの仕様、性能又は使用方法
リ　武器、弾薬、航空機その他の防衛の用に供する物又はこれらの物の研究開発段階のものの製作、検査、修理又は試験の方法
ヌ　防衛の用に供する施設の設計、性能又は内部の用途（ヘに掲げるものを除く。）
二　外交に関する事項
イ　外国の政府又は国際機関との交渉又は協力の方針又は内容のうち、国民の生命及び身体の保護、領域の保全その他の安全保障に関する重要なもの
ロ　安全保障のために我が国が実施する貨物の輸出若しくは輸入の禁止その他の措置又はその方針（第一号イ若しくはニ、第三号イ又は第四号イに掲げるものを除く。）
ハ　安全保障に関し収集した国民の生命及び身体の保護、領域の保全若しくは国際社会の平和と安全に関する重要な情報又は条約その他の国際約束に基づき保護することが必要な情報（第一号ロ、第三号ロ又は第四号ロに掲げるものを除く。）
ニ　ハに掲げる情報の収集整理又はその能力
ホ　外務省本省と在外公館との間の通信その他の外交の用に供する暗号
三　特定有害活動の防止に関する事項
イ　特定有害活動による被害の発生若しくは拡大の防止（以下この号において「特定有害活動の防止」という。）のための措置又はこれに関する計画若しくは研究
ロ　特定有害活動の防止に関し収集した国民の生命及び身体の保護に関する重要な情報又は外国の政府若しくは国際機関からの情報
ハ　ロに掲げる情報の収集整理又はその能力
ニ　特定有害活動の防止の用に供する暗号
四　テロリズムの防止に関する事項
イ　テロリズムによる被害の発生若しくは拡大の防止（以下この号において「テロリズムの防止」という。）のための措置又はこれに関する計画若し

くは研究
ロ　テロリズムの防止に関し収集した国民の生命及び身体の保護に関する重要な情報又は外国の政府

若しくは国際機関からの情報
ハ　ロに掲げる情報の収集整理又はその能力
ニ　テロリズムの防止の用に供する暗号

著者略歴
福好昌治（ふくよし・しょうじ）
1957年生まれ。軍事雑誌の編集者などを経て、現在、軍事評論家。『丸』『軍事研究』などに執筆している。著書に『別冊宝島 Real 自衛隊＋在日米軍の実力』（編著、宝島社）、『アメリカ太平洋軍の新戦略』（共著、アリアドネ企画）、『極東有事と自衛隊』（共著、アリアドネ企画）などがある。得意技は速書き。

平和のための ハンドブック軍事問題入門 Q&A 40
——国防軍・集団的自衛権・特定秘密保護法

2014年5月15日　初版発行

著　　者…………福好　昌治
装　　丁…………宮部　浩司
カバー＆章扉イラスト…………たかくあけみ
発 行 者…………羽田ゆみ子
発 行 所…………梨の木舎
〒101‐0051　東京都千代田区神田神保町1‐42
TEL 03（3291）8229　FAX 03（3291）8090
eメール　nashinoki-sha@jca.apc.org
http://www.jca.apc.org/nashinoki-sha/
D　T　P…………石山和雄
印 刷 所…………株式会社　厚徳社

福島原発事故と女たち——出会いをつなぐ

近藤和子・大橋由香子編　イラスト・大越京子

A5判／178頁／定価1600円＋税

1章　2011年3月11日—福島から／3・11、見えないものに追われて　一條 直子／あらためて思う、「多様なこと」は豊潤なこと　鈴木 絹江／3・11原発/解雇/放射能/そして……　黒田 節子／5日目の朝がきた 人見やよい／事故前と同じようには生きられない　会田 恵／疲れているひまはない　地脇 美和／新たな出会いをたぐり寄せ—福島から高知に避難して　芳賀 治恵／娘一家は九州へ 橋本 あき／原発事故の暗闇の中から 浅田眞理子／人間だけが避難する身勝手を許してほしい／子どもたちも孫も来ない、ご先祖さんに線香もあげられない故郷 鈴木 恵子／これ以上、奪われない、分断されない 宇野 朗子／福島を出たあの夜からの一年／女たちのリレーハンスト 黒田 節子／原発事故からの脱出 安積　遊歩／原発被曝の県で 武藤十三子／武藤類子さんに聞く／
2章　出会いをつなげる 大橋由香子　近藤 和子

●福島原発事故、14人の女たちの体験をつたえる。
—恐怖と絶望と無力感、そのなかで女たちは…。

978-4-8166-1205-3

㊾少女たちへのプロパガンダ

——『少女倶楽部』とアジア太平洋戦争

長谷川潮　著

四六判／144頁／定価1500円+税

●目次　第一章　満州事変が起こされる　第二章　仮想の日米戦争
第三章　支那事変に突入する　第四章　太平洋戦争前夜
第五章　破滅の太平洋戦争

テレビやインタネットの誕生以前は、雑誌が子どもたちの夢や憧れを育み、子どもと社会をつなぐ文化的チャンネルだった。アジア太平洋戦争の時代に軍が少女に求めたものは、「従軍看護婦」だった。

978-4-8166-1201-5

㊿花に水をやってくれないかい？

——日本軍「慰安婦」にされたファン・クムジュの物語

イ・ギュヒ著／保田千世訳

四六判／164頁／定価1500円＋税

●目次　507号室はなんだかヘンだ　鬼神ハルモニ　うっかりだまされていた「イアンフ」って何？　変わってしまったキム・ウンビ　留守の家で　わたしの故郷　ソンペンイ　咸興のお母さん　汽車に乗って　生きのびなくては　お母さんになる　もう1度慰安婦ハルモニになって　他

植民地化の朝鮮で日本軍の慰安婦にされたファン・クムジュハルモニの半生を、10代の少女に向けて描いた物語。

978-4-8166-1204-6

㉛犠牲の死を問う——日本・韓国・インドネシア

高橋哲哉・李泳采・村井吉敬　コーディネーター・内海愛子

A5版／160頁／本体1600円＋税

●目次　1　佐久で語りあう——「靖国と光州5・18墓地は、構造として似ているところがある」について●犠牲の死を称えるの　高橋哲也●死の意味を付与されなければ残された人々は生きていけないイ・ヨンチェ●国家というのはフィクションです　村井吉敬　2　東京で語りあう——追悼施設につきまとう政治性、棺桶を担いで歩く抵抗等々について。

「犠牲の死」、あなたは称えますか？　靖国問題から犠牲の論理を問い続けてきた高橋哲哉さん、民主化運動の犠牲の意味を考えてきた李泳采さん、インドネシアを歩いて、国家も追悼もフィクションだと実感している村井吉敬さん、3人が語る。

978-4-8166-1308-1